全国高等农林院校研究生教材

U0237536

现代林业信息技术

Information Technology of Modern Forestry

黄华国　编著

中国林业出版社

图书在版编目（CIP）数据

现代林业信息技术/黄华国编著 . —北京：中国林业出版社，2015. 11

全国高等农林院校研究生教材

ISBN 978-7-5038-8203-6

Ⅰ. ①现… Ⅱ. ①黄… Ⅲ. ①林业 – 信息技术 – 研究生 – 教材 Ⅳ. ①S7-39

中国版本图书馆 CIP 数据核字（2015）第 257021 号

中国林业出版社·教育出版分社

策划编辑：肖基浒   责任编辑：丰 帆 肖基浒
电话：(010)83143555   83143558   传真：(010)83143516

出版发行	中国林业出版社（100009 北京市西城区德内大街刘海胡同 7 号） E-mail：jiaocaipublic@163. com 电话：(010)83143500 http：//lycb. forestry. gov. cn
经　销	新华书店
印　刷	北京市昌平百善印刷厂
版　次	2015 年 11 月第 1 版
印　次	2015 年 11 月第 1 次印刷
开　本	787mm×1092mm 1/16
印　张	9. 25
字　数	231 千字
定　价	26. 00 元

前　言

为适应我国生态文明建设事业发展对林业专门人才的迫切需求，完善林业人才培养体系，创新林业人才培养模式，提高林业人才培养质量，我国于2011年设置了林业硕士专业学位。林业硕士的培养目标是让学生成为适应林业及生态建设发展需要的高层次、应用型、复合型林业专门人才，其中的一个重要要求就是学生能熟练运用现代林业技术，尤其是应用现代林业信息技术解决实践问题。

现代林业信息技术是随着现代高新技术的迅速发展而产生的一套林业信息采集、量测、分析、存储、管理、显示、传播和应用的综合应用技术体系，是多个学科和林业的交叉，涉及地理学、测绘科学、空间科学、卫星定位、信息科学、计算机科学和现代通讯技术等。

为适应国家战略需求，加速人才培养，编者以北京林业大学开设的《现代林业信息技术》讲稿为基础，结合科研课题和软件应用，面向林业科学研究和生产实践，编著了这本教材，希望能有助于培养林业专业硕士人才。本书也可用于相关专业学生快速了解和掌握现代林业信息技术体系。

在撰写的过程中，不断地感受到信息技术发展的快速性和应用的广泛性，也认识到在教材中试图包罗万象是非常困难的，也是不可取的。林业具有极显著空间特性，因此，本书选择空间信息为主体，着重阐述最为核心的空间信息获取、存储、分析和挖掘，以及分享传播等方面的信息技术。针对目前快速发展的大数据和云计算等技术，也在相应章节作了介绍。

本书受北京高等学校"青年英才计划"（YETP0741）项目资助，在撰写过程中，得到了连君同学的协助，在此一并致谢。

本书以教材为主要用途，广泛收集了网络和期刊文章，并尽可能地作了相应的引用标注。考虑到内容多为行业内较为接受的概念和技术，仅引用了较具代表性的他人成果，部分内容为加工整理，如有不妥之处，还请读者包涵。由于编者水平有限，难免出现错误和不足，敬请读者提出宝贵意见。

黄华国

2015 年 5 月于北京林业大学

目　录

第1章

绪　论

　　20世纪七八十年代以来，生态危机逐渐显现，人们对传统林业经营思想和经营模式开始进行反思，先后提出了新林业、多用途利用、近自然林业和生态林业等概念，后又逐渐演化为可持续林业和现代林业（沈国舫，1998；江泽慧，2000，2001）。现代林业以可持续发展理论为指导，以生态环境建设为重点，以产业化发展为动力，以全社会共同参与和支持为前提，广泛地参与国际交流与合作，实现林业资源、环境和产业协调发展，环境效益、经济效益和社会效益高度统一（江泽慧，2001）。

　　发展现代林业、建设生态文明、推动科学发展是当前全国林业工作的主题和方向。发展现代林业，必须要用现代科学技术提升林业，用现代物质条件装备林业，用现代信息手段管理林业，实现林业发展的科学化、机械化和信息化。也就是说，现代林业是信息化的林业，是用现代信息技术武装起来的林业，是紧跟时代发展潮流的林业（贾治邦，2011）。2009年3月，首届全国林业信息化工作会议在北京隆重召开。会议全程文字、视频网络发布，群发短信提醒，开创了林业会议先河。2009年6月召开的中央林业工作会议上，特别强调要加快推进信息化建设。

　　回顾人类社会的发展历程，主要经历了3个阶段：农业化、工业化和信息化。公元前9000年至公元前1500年，人类社会经过农业革命，由游牧社会进入农业社会，人类文明开始了"农业化"进程。1775年，工业革命发生后，人们开始利用蒸汽机、汽车、飞机等工业产品，拉开了人类利用煤、石油、天然气等自然能源的序幕，人类文明开始了"工业化"进程。1946年，人类社会第一台电子数字计算机的发明拉开了当代信息革命的序幕，随着计算机、信息高速公路、互联网等技术的出现，人类开始有效利用信息资源以促进人与自然的高度和谐、推动生产力的快速发展。根据著名的"摩尔定律"，计算机的处理能力大约每18个月翻一番，它以巨大的变革力量将人类全方位引入"信息化"时代。

　　信息化已经成为21世纪最重要的经济发展模式和最显著的时代特征。信息已成为除自然资源、资本和劳动力以外的最重要的生产要素。以网络为依托，信息技术和信息

1

资源相结合，构成了新的最活跃的生产力，驱动着全球经济增长方式快速转变。加快信息化发展，已成为世界各国的共同选择和长远发展的战略制高点。认识信息化，驾驭信息化，以信息化推动现代化，已成为每个国家在信息时代必须关注的重大主题。

1.1 基本概念

现代林业信息技术是所有可服务于现代林业的信息技术总称，与遥感、地理信息系统、全球定位系统、计算机网络系统、虚拟现实和人工智能等多个学科交叉，是建设现代林业的重要技术支撑体系之一。

(1)现代林业

在现代科学认识的基础上，用现代技术装备和现代工艺方法生产以及用现代科学方法管理的，并可持续发展的林业，称为现代林业(Modern Forestry)。现代林业以高效发挥森林的多种功能和多重价值，满足人类日益增长的生态、经济和社会需求为目标。现代林业是高科技的林业，现代信息技术是林业资源管理的重要组成部分。

(2)信息与数据

信息(Information)是用数字、文本、符号、语言等介质来表示事件、事物、现象及相互之间的联系、相互作用等内容。信息来源于数据，数据(Data)是各种原始资料的总称，是存在于载体上的反映内容的物理符号或信号。比如气象站的气温、湿度等数字、学生的成绩数字和会议报告文字等。数据载体是信息的物理形式，信息是数据的内容，他们形影不离。

(3)信息技术

信息技术(Information Technology，IT)是指对信息进行采集、传输、加工、存储和表达的各种技术的总称。随着计算机、互联网、传感器的不断发展普及，信息技术已经形成了一个产业，和我们的工作生活息息相关，密不可分。其中，传感技术、通信技术、计算机技术和控制技术是信息技术的四大基本技术。

(4)信息化

中共中央办公厅、国务院办公厅印发《2006—2020年国家信息化发展战略》中将信息化(Informatization)定义为：充分利用信息技术，开发利用信息资源，促进信息交流和知识共享，提高经济增长质量，推动经济社会发展转型的历史进程。随着互联网的普及，"信息化"这个词已经渗透到各个行业，如中国制造业的阿里巴巴，零售业的淘宝，旅游业的携程，地理产业的谷歌地球，印刷出版业的当当、亚马逊等。

(5)现代林业信息技术

现代林业需要大量的信息和信息交流，信息技术是现代林业的重要组成部分。相对于传统粗放业调查采用的测高器、罗盘、皮尺等工具和手工记录方式，现代林业更多地应用了电子计算机和掌上电脑等工具，引入了遥感、GPS、地理信息系统和无线通讯等高新技术，极大程度地提高了工作效率。

现代林业信息技术(Information Technology of Modern Forestry)是指现代林业资源的信息采集、数据处理、数据管理、信息传播以及辅助管理决策的整套技术体系。

（6）智慧林业

智慧林业（The Wisdom of Forestry）是指充分利用云计算、物联网、大数据、移动互联等新一代信息技术，通过感知化、物联化、智能化的手段，形成林业立体感知、管理协同高效、生态价值凸显、服务内外一体的林业发展新模式。智慧林业的核心是利用现代信息技术，建立一种智慧化发展的长效机制，实现林业高效高质发展。

2013 年，辽宁省智慧林业云数据中心，江苏林业一张图，甘肃林业一张图，浙江林业基础数据平台，吉林森工电子商务平台，安徽林业新园区智能化信息系统，上海绿化林业网格化和无线网覆盖工程，深圳有害生物综合鉴定平台，新疆林业专网建设工程，全国乡镇林业站在线培训平台等一批项目纷纷启动或建成，林业信息化进入了智慧发展新时代。2013 年 8 月，国家林业局印发了《中国智慧林业发展指导意见》，这标志着我国林业信息化由"数字林业"步入"智慧林业"发展新阶段。

1.2　结构和功能

现代林业信息技术是林业与信息科学的交叉，是智慧林业的技术基础，是一个较为庞大的技术体系，主要包括 4 个部分：

①林业信息获取系统　摄影测量、遥感、掌上测量、GPS 和各类传感器等。主要为林业提供时空属性一体化的第一手资料。

②信息处理、存储和信息查询系统　数据库技术、地理信息系统、云存储等。主要为大量的数据提供存储和快速查询功能。

③数据分析和挖掘系统　专家系统、知识发现、计算机图形学、空间分析技术和云计算等。主要为林业提供决策支持服务。

④信息服务系统　通讯技术和网络技术，包括近几年兴起的物联网、微博和微信等。主要为林业提供网络和通讯支撑。

其中遥感技术（Remote Sensing，RS）、GPS 技术（Global Positioning System，GPS）和地理信息系统（Geographic Information System，GIS）技术合称为 3S 技术，是现代林业信息技术的核心。遥感不断获取地面的空间和光谱信息，GPS 提供准确的定位信息，GIS 则对林业信息进行采集、存储、管理、分析和显示。

1.3　当前林业应用需求

根据《全国林业信息化发展"十二五"规划》，我国林业信息技术的主要应用需求包括林业资源分布监管、营造林监测和管理、林业灾害监控与应急、林业综合办公服务、林业产业发展与林业经济服务。

（1）林业资源分布监管

构建统一的林业资源空间分布信息，将全国林业数据落实到山头地块，提供从宏观到微观多级林业资源分布信息，及时准确掌握林业资源历史、现状和动态信息，提高国家对资源利用的监管能力，形成对森林、湿地、荒漠化等生态系统和生物多样性的有效监管。

（2）营造林监测和管理

建设营造林全过程信息化管理系统，对重点营造林的规划、计划、作业设计、进度控制、检查验收和统计上报等各环节实行一体化管理，实现对营造林建设现状和发展动态的信息化管理。

（3）林业灾害监控与应急

建设森林防火监控和应急指挥系统、林业有害生物防治管理系统、野生动物疫源疫病监测管理系统、沙尘暴防治系统，为林业灾害的监测、预警预报、应急处理、损失评估和灾后重建等提供支撑。

（4）林业综合办公服务

建立一套完整的林业综合办公系统，实现行业内各部门间互联互通，改善林业政务协同工作环境，利用内外网门户网站实现信息查询和服务。实现办公电子化、管理信息化、决策科学化。

（5）林业产业发展与林业经济服务

建立公平、透明、开放的林业产业信息交流平台，提供丰富的网站交互功能，为用户在林产品流通过程中提供所需要的信息服务。推进多媒体教育、远程教育和虚拟现实教学，促进新农村建设。

1.4　发展和展望

尽管林业信息技术已经取得了明显进展，但是应用上还存在不足。目前，林业信息基础设施和信息系统投入较大，但是并没有得到充分利用。遥感、地理信息系统、全球定位系统、决策支持系统等技术应用程度不够，没有充分挖掘空间信息采集和空间分析的能力，精细程度不足。更为重要的是，基层单位信息化人才储备严重不足。因此，必须做好林业信息化的集成、推广和传播。

此外，信息技术一直在飞速发展，林业对信息技术在深度、精度和广度上的需求也逐渐提高。创新应用"五大技术"，即云计算、物联网、移动互联网、大数据、智慧城市，支撑智慧林业大厦（李世东，2014）。所以，需要加强宏观框架的修订和新兴技术的引入消化工作，把信息化作为最重要的基础工作和技术手段，建立起产学研一体化发展机制。

>>>>>>>>>>>>>>>>>>>>>> **思考题** <<<<<<<<<<<<<<<<<<<<<<

1. 什么是现代林业和现代林业信息技术？
2. 现代林业信息技术的主要需求是什么？

>>>>>>>>>>>>>>>>>>>>>> **参考文献** <<<<<<<<<<<<<<<<<<<<<<

沈国舫.1998.现代高效持续林业——中国林业发展道路的抉择[J].林业经济(4)：42 – 49.

江泽慧.2000.中国现代林业[M].北京：中国林业出版社.

江泽慧.2001.现代林业理论与生态良好途径[J].世界林业研究,14(6):1-7.

贾治邦.2011.中国林业信息化发展报告2011[M].北京:中国林业出版社.

张建国.1995.现代林业论[M].北京:中国林业出版社.

李世东.2014.中国林业信息化全面推进五周年回顾与展望[J].林业经济(2):48-51.

第2章
对地观测和林业遥感

2.1　对地观测系统和对地观测技术

对地观测系统是以电磁波和地物相互作用理论为基础原理，综合应用地面遥感车、气球、火箭、航空飞机、航天飞机、卫星、太空观测站等多种不同形式的遥感观测平台，实现对地球陆地表层、生物圈、固体地球、大气圈、水圈和冰冻圈等系统的观测，从而获取对地球新认知的观测体系（安培浚等，2007；郭东华，2012）。

对地观测系统可以提供宏观、准确、综合、连续多样的地球表面信息和数据，改变了人类获取地球系统数据和对地球系统的认知方式，对科学创新起到基础性支撑作用（安培浚等，2007）。

对地观测技术是尖端的综合性技术，涉及航天、光电、物理、计算机、信息科学等诸多应用领域。对地观测技术是对地观测系统的关键组成部分，侧重突出了技术层面，而对地观测系统则是理论、技术及应用的集成。对地观测技术的发展及其相关信息的获取正日益成为开展地球科学研究的关键前沿技术，是了解和把握资源与环境的态势，解决人类面临的资源紧缺、环境恶化、人口剧增、灾害频发等一系列重大问题的重要技术手段，在资源、环境、土地、农业、林业、水利、城市、海洋、灾害等领域的调查、监测、管理进而实现对环境和灾害的预测、预报和预警以及支撑经济和社会的可持续发展方面具有重大作用（安培浚等，2007）。

当前，对地观测技术得到了长足发展，空间分辨率步入亚米时代。对同一地面目标进行重访的周期日益缩短，中高空间分辨率的极轨遥感卫星（或星座）的重访周期已经小于1天；卫星所携带的传感器工作波段覆盖了自可见光、红外线到微波的全波段范围；波段数已达数十甚至数百个，微波遥感的波长范围从 $1mm \sim 100cm$，合成孔径雷达（SAR）分辨率可达到 $1m$ 左右。实现了全天时、全天候的对地观测。

对地观测技术可以帮助我们更为全面地认识地球的物理、化学和生物系统的变化规律，特别是在当前世界各国都面临环境、能源、灾害等问题威胁的背景下，具有全球运行能力的地球观测系统在应对全球化问题中具有常规方法难以比拟的优势。对地观测已发展为航空观测、航天观测、多平台协同观测 3 种主要技术形式，并形成了以成像光谱技术、成像雷达技术和激光雷达技术为代表的先进对地观测技术体系（郭东华，2012）。

2.2　全球综合地球观测系统（GEOSS）

随着各国发射卫星能力的不断增强，对地观测技术突飞猛进。20 世纪末"数字地球"概念问世后，对地观测技术的发展开始从区域性、领域性向综合性、全球化方向发展。因为单独一个国家或机构很能独立解决这些问题，因此，对地观测活动的联合与协调也逐步地加强。

20 世纪 90 年代，美国正式启动了对地观测系统（EOS）计划，由多个国家和国际组织共同参与，致力于地球科学、数据信息传输与处理系统（EOSDIS）和传感器平台开发的综合研究，目的在于实现对陆地表层、固体地球、生物圈、大气和海洋等展开全球性的长期对地观测。其中，在轨的卫星主要有搭载中分辨率成像光谱仪（MODIS）的 Terra 卫星和 Aqua 卫星等，已实现 10 余年的高时空分辨率的空间对地观测。2002 年，南非约翰内斯堡世界可持续发展峰会开始呼吁对地球系统进行协调观测。2003 年，在法国举行的八国集团首脑峰会（G8）正式确认地球观测的重要性和优先行动纲领。2003 年 7 月，在美国华盛顿召开的第一次地球观测峰会，正式提出全球协调组织成立一个全面协调、发展和可持续的地球观测系统以协调全球资源和地球观测活动。

2005 年，地球观测领域最大和最权威的政府间国际组织——地球观测组织（Group on Earth Observations，GEO）成立，目标是制订和实施《全球综合地球观测系统（Global Earth Observation System of Systems，GEOSS）十年执行计划》，建立一个综合、协调和可持续的全球地球综合观测系统，更好地认识地球系统，包括天气、气候、海洋、大气、水、陆地、地球动力学、自然资源、生态系统，以及自然和人类活动引起的灾害等，为决策提供从初始观测数据到专业应用产品的信息服务。目前，GEO 由至少 89 个国家、欧盟和 64 个国际组织参加组成，中国是 GEO 的创始国之一。对地观测数据共享与服务作为 GEOSS 建设的核心内容，在优选的九大应用领域中发挥了重要作用，包括：防灾减灾、人类健康、能源资源管理、气候变化、水资源环境、气象、生态系统、农业、生物多样性等。

2.3　中国的对地观测系统

历经 30 余年的发展，我国已成为对地观测大国（郭华东，2012）。目前，已形成资源卫星、环境卫星、气象卫星、海洋卫星、小卫星和飞船对地观测系统等，同时形成了北斗导航卫星计划，广泛地服务于国民经济的各个领域（表 2-1）。1990 年，由国家计划委员会、国防科学技术工业委员会和航空航天部联合报请国务院筹备成立中国资源卫星应用中心，并于 1991 年正式成立。中心承担国家对地观测的重要任务，是国家三大卫星应用中心之一。2007 年 12 月，中国资源卫星应用中心加入国际对地观测组织（CEOS）。

表 2-1　中国 4 类对地观测卫星概况

卫星类型	卫星名称	主要传感器	光谱范围	空间分辨率（m）	幅宽（km）	重访周期（d）	发射日期
陆地资源卫星系列	CBERS-1-01/02	CCD/WFI	VIS/NIR	20/258	120/890	26/5	1999-10-14/2003-10-21
	CBERS-1-01/02B	Infrared Scanner	VIS/SWIR/TIR	78/156	120	26	2007-10-29
		CCD/WFI	VIS/NIR	20/256	113/890	26/5	
	ZY-3-01	High-Resolution	VIS	2.36	27	104	2012-1-9
		CCD	VIS/NIR	2.1/6	52/52	59/5	
		Forward/Back Looking Camera	VIS	3.5	52	59/5	
环境卫星系列	HJ-IA	CCD/Hyperspectral Imager	VIS/NIR	30/100	700/50	4	2008-9-6
	HJ-IB	CCD	VIS/NIR	30	700	4	
		Infrared Multispectral Camera	IR	150/300	720	4	
	HJ-IC	SAR	0	4/15	40/100	4	2012-11-19
气象卫星系列	FY-1A/B	MVISR	VIS/NIR/TIR	1100/4000	2860	—	1988-09-06/1990-09-03
	FY-1C/D	MVISR	VIS/IR	1100/4000	3100	12	1990-05-10/2002-05-15
	FY-2A/B/C/D/E	VISSR	VIS/IR	1250/5000/5760	—	30/25 5min	1997-06-10/2000-06-25/2004-10-19/2006-12-08/2008-12-23
	FY-3A/B	IRAS/VISSR/MERSI	VIS/IR	17 000/1100/250~1000	2800	5.5	2008-05-27/2010-11-04
		MWTS	EHF/U-band	15 000/50~75 000	2700	—	
		MWRI	X/Ku/K/Ka/W-band	15 000/85 000	1400	—	
		ERM/SIM	UV/VIS/IR	—	—	—	
		SBUS/TOU	UV	20 000/50 000	—	—	
海洋卫星系列	HY-1A/B HY-2	COCTS/CZI	VIS/NIR/IR	110/250	1600/3000/500	3/1/7	2002-05-15/2007-04-11/2011-08-16
		Radar Altimeter	C/Ku-band	—	—	14	
		Microwave Scatterometer	Ku-band	—	1350/1700	1	
		SMR/CMR	C/X/K/Ka-band	—	1600	1	

注：表中 VIS 为可见光；SWIR 为短波红外光；IR 为红外光；NIR 为近红外光；TIR 为热红外光；EHF 为极高频；UV 为紫外线；WFI 为宽视场成像仪；IRMSS 为红外多光谱扫描仪；MVISR 为多通道可见光和红外扫描辐射计；MERSI 为中分辨率光谱成像仪；VISSR 为可见光与红外光自旋扫描辐射计。

据中国资源卫星应用中心网站，中国和巴西合作研制的资源卫星（CBERS-01）于1999 年首次发射，随后发射的 CBERS-02、CBERS-2B、ZY-3、CBERS-04 等卫星的空间分辨率和图像质量得到进一步提升。2008 年，携带有多光谱可见光相机和超光谱成像仪的 HJ-1A 卫星发射成功，此后形成的"环境与灾害监测预报小卫星星座"，具备中分辨率、宽覆盖、高重访的灾害监测能力。

在气象卫星方面，我国从 1988 年开始发射"风云"气象系列卫星，目前已形成静止轨道和极轨气象卫星观测体系。2002 年我国发射了第一颗海洋卫星（HY-1A）卫星，星上载有 1 台 10 波段的海洋水色扫描仪和 1 台 4 波段的 CCD 成像仪，后续发射的 HY-1B 和HY-2 卫星在成像幅宽和重访周期等性能上进一步提升。在微小卫星方面，我国成功发射了"实践五号""航天清华一号""纳星一号""北京一号"等卫星，完善并丰富了我国的卫星观测体系。2010 年，我国正式启动实施高分辨率对地观测系统重大科技专项（简称"高分专项"）。截至 2015 年 10 月，高分一号、高分二号和高分八号卫星均已在轨运行。具体信息参见 2.9.2 节。

在机载对地观测方面，已先后开发了一系列先进遥感系统和应用系统。在国际卫星数据接收方面，中国科学院遥感与数字地球研究所的卫星地面站能够接收 10 余颗卫星数据，每年完成 15TB 卫星数据存档，保存着 1986 年以来各类卫星数据 270 多万景，是国际接收处理分发卫星数据最多的地面站之一，是国内、国际宝贵的航天对地观测历史数据库（郭东华，2012）。

2.4 遥感概念

1962 年，第一届国际遥感大会在美国密歇根召开，遥感（Remote Sensing）一词首次被正式提出，标志着遥感的诞生。遥感是对地观测系统和 GEOSS 的核心技术，是在现代物理学、空间科学、计算机科学、数学和地球科学的基础上建立和发展起来的一门新兴的综合性的边缘学科。

遥感是一种先进的实用的探测技术，是从不同高度的平台（如飞机、人造卫星等），使用传感器收集地物的电磁波信息（或者其他信息传播媒介信息），再将这些信息传输到地面并加以处理，从而达到对地物的识别与监测的全过程。

遥感有四大构成要素，包括感测对象、传感器（Sensor）、信息传播媒介和平台。传感器是能感测事物并能将感测的结果传递给使用者的仪器，如照相机、摄影机、光谱仪和雷达等。在感测对象和传感器之间起信息传播作用的就是信息传播媒介，如电磁波、声波、重力场、磁力场、电力场、地震波。装载传感器并使之能有效地工作的装置称作平台，如飞机、人造地球卫星、航天飞机等，其中能够运动的平台也称运载工具。

现在实用的 RS 技术大多是以电磁波为信息传播媒介，以飞机、人造卫星等飞行器为平台的。

相比地面调查，遥感观测的覆盖面更广，信息量更大，并可以不断地重复观测。同时，遥感受地面条件限制少，可用于自然条件恶劣，地面工作困难的地区，如西藏林区的资源调查。另外，使用遥感数据可以显著降低成本，特别是灾害预报、资源探测、资源清查等。随着遥感技术的快速发展和遥感信息源的不断增加，遥感已经广泛应用于各行各业。

2.5 遥感的物理基础

由于地物会与传播媒介(如电磁波)发生反射、吸收、透射和辐射等交互作用，遥感接收的地物信号(如电磁波)中就隐含了目标物的信息，这就是遥感探测地物的理论基础。为了更好地理解遥感信息，有必要先了解电磁辐射的原理以及它通过大气层再被地表发射辐射的过程，这是遥感的物理基础。

2.5.1 电磁辐射基本原理

(1)基本概念

首先，必须了解几个基本概念：电磁波、电磁波谱、波段、电磁辐射、黑体和发射率。

在空间中传播着的交变电磁场，即电磁波。它具备波动性，可发生干涉、衍射和偏振等现象，可用波长、频率、振幅等参数来描述。它在真空中的传播速度约为 3.0×10^8 m/s。电磁波的波长范围覆盖无线电波、红外线、可见光、紫外线、X 射线、γ 射线等波段。为便于理解，按照波长或频率、波数、能量的顺序把这些电磁波排列起来，即为电磁波谱(图 2-1)。两个波长之间的全体波长的集合称为波段。电磁波在空间中的传播称为电磁辐射，简称辐射，分为入射、发射、反射、透射、散射、吸收。辐射能量是以电磁波形式传送的能量 Q，单位焦耳。电磁辐射中有一个理想概念，称为黑体(Black body)辐射。如果一个物体对于任何波长的电磁辐射，都全部吸收，则这个物体是绝对黑体。也就是说，绝对黑体，吸收率为100%，反射率为0，与物体的温度和电磁波波长无关。如黑色的煤可以近似看作黑体，还有太阳也可以近似看作黑体辐射源。而实际物体的吸收率一般小于1，因此，经常以黑体辐射为基准，研究物体实际的辐射能力，两者的比值称为发射率(emissivity)。

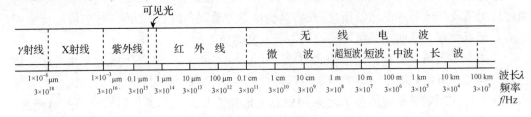

图 2-1 电磁波谱

(2)遥感探测常用波段

遥感探测常用的电磁波波段有 3 个：可见光、红外线和微波(图 2-1)。

①可见光(VI) 波长范围是 0.38 ~ 0.76 μm，由红、橙、黄、绿、青、蓝、紫色光组成，是摄影方式常用的遥感波段。可以粗分为蓝(0.38 ~ 0.50 μm)、绿(0.50 ~ 0.60 μm)、红(0.60 ~ 0.76 μm)三色。可见光是 RS 中最早和最常使用的波段。

②红外线（IR）　波长是 0.76 ~ 1000 μm，可分为 4 个光谱段：近红外（NIR）：0.76 ~ 3 μm，在性质上与可见光相似，在 RS 技术中采用摄影和扫描方式，可接收和记录红外光反射；中红外（MIR）：3 ~ 6 μm，该波段既有反射，也有自身发射，两者能量量级相当；远红外（FIR）：6 ~ 15 μm，也叫热红外（产生热感的原因）；超远红外（MIR）：15 ~ 1000 μm。红外线也是 RS 中常用的波段之一，使用率仅次于可见光。

中远红外 RS 采用热感应方式探测地物本身的热辐射，可以不受太阳光限制。但是红外线在云、雾、雨中传播时，受到严重的衰减，因此，红外 RS 不是全天候 RS，不能在云、雾、雨中进行，但不受日照条件的限制。

③微波　波长在 1mm ~ 1m 的无线电波。微波和红外线两者的特征相似，都属于热辐射性质。微波能穿透云雾、小雨，是全天候遥感，昼夜均可进行。微波对植被、冰雪、干沙、干土均有较强的穿透力，常被用来探测被冰雪、植被、沙土所遮掩的地物。

（3）电磁辐射过程

电磁波在进入地球之前必须通过大气层，在通过大气层时，约有 30% 被云层和其他大气成分反射回宇宙空间，约有 17% 被大气吸收，22% 被大气散射。仅有 31% 的太阳辐射直射到地面。地物反射的电磁波要经过大气才能被传感器接收，由于大气的成分复杂多变，加上电磁波本身一些特性，因此，电磁波在大气传输过程中会发生很多的变化，包括大气的吸收、散射、透射等。

这里需要理解两种不同的散射模式：

①瑞利散射　当大气中的原子、分子的直径比波长小很多，这个时候电磁波在大气中发生的散射称为瑞利散射。这种散射的特点是散射强度与波长的四次方成反比，即波长越长，这种散射越小。这种散射在可见光影响最为明显，尤其是蓝色波段，因为蓝光比红光波长短，瑞利散射发生的比较激烈，被散射的蓝光布满了整个天空，从而使天空呈现蓝色。对于遥感来说，这个散射是不利的，有些传感器为了提高影像的质量，就不设这个波段，如 SPOT 系列、ASTER 传感器等。

②米氏散射　当大气中粒子的直径与辐射的波长相当时发生的散射称为米氏散射。这种散射主要由大气中的微粒，如烟、尘埃、小水滴及气溶胶等引起。米氏散射的程度跟波长是无关的，而且光子散射后的性质也不会改变。如云雾的粒子大小与红外线（0.761 5μm）的波长接近，所以云雾对红外线的辐射主要是米氏散射。因此，多云潮湿

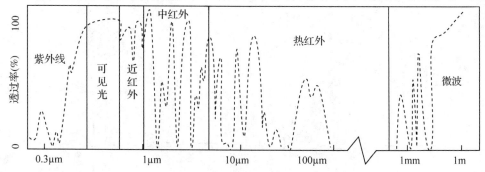

图 2-2　大气透过率随着波段的变化

的天气对米氏散射的影响较大。

电磁波在大气中传输时，通过大气层未被反射、吸收和散射的那些透射率高的波段范围，称为大气窗口。图 2-2 显示了大气透过率随着波段的变化规律，其中透过率高的波段就是常用的大气窗口，包括可见光、近红外、中红外、热红外和微波。

2.5.2 遥感过程

遥感过程包括被动遥感和主动遥感，图 2-3 显示了遥感的全过程，其中被动遥感包括：

①光源 太阳是被动遥感的光源。太阳辐射波谱范围很广，包括紫外、可见光和红外光等。

②光在大气中的传播 太阳辐射在大气中会受到包括气体分子、气溶胶和云等不同成分的散射和吸收，使得能量衰减。在大气窗口下，能量衰减相对较小。

③光穿透大气后与地表的相互作用 光穿透大气后到达地表，会和地表目标发生反射、吸收、透射和折射等现象。对森林而言，部分波段的光会被吸收，用于光合作用，部分波段的光"不受欢迎"，在多次反射和透射之后，返回大气。地表越复杂，这个交互作用也更复杂。再次返回到大气的光在强度上和波段上都有所变化，这种变化和地表信息密切相关，也成为遥感推断地表的理论基础。

④再次大气交互 返回的光携带了地表的信息，在到达遥感传感器之前，还需要再次通过大气的"考验"。大气会造成能量进一步衰减，而散射也会增加很多噪声信息，造成遥感图像质量下降。因此，被动遥感对天气和大气的要求比较高。

当被动遥感的波段是热红外时，前两步可以省略。不依靠太阳光，地表自身会发射热辐射，该辐射和地表的温度、发射率和三维结构等都有密切关系。热辐射通过大气也会发生吸收、散射和折射，最终到达传感器。

主动遥感的过程与被动遥感有所不同，主动遥感是通过遥感传感器自身发射光源（如激光和微波）。光线穿透大气和地表交互，然后仍旧返回到该传感器，因此，路径是往返式的。

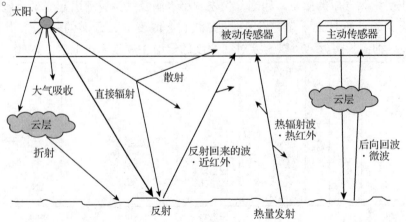

图 2-3 遥感过程

2.6　常见的遥感类型

按遥感对象可以分为宇宙遥感和地球遥感。宇宙遥感的对象是宇宙中的天体和其他物质，属于天文学的范畴。地球遥感的对象是地球，通常的遥感指的是地球遥感，主要分为以下类型：

(1)按遥感平台分类

①航天遥感　平台处于海拔高度大于 80km 的大气层空中，如火箭、人造卫星、宇宙飞船、航天飞机等。

②航空遥感　平台处于海拔高度小于 80km 的空中，如飞机、气球等。

③地面遥感　平台处于地面，如三脚架、遥感车、塔、船等。

(2)按遥感传播媒介分类

①电磁波遥感　遥感最常用的传播媒介。

②声波遥感　适于探测海水和海底情况，一般用超声波。

③力场遥感　包括重力场、磁力场、电力场等，适用于物理探矿。

④地震波遥感　探测地层构造和探矿。

(3)按传感器工作方式分类

①被动遥感　传感器本身不发射任何人工探测信号，只能被动地接受来自对象的信息。如不用闪光灯的摄影和热红外成像。

②主动遥感　传感器本身带有电磁波的辐射源，工作时向目标发射信号，然后接收目标物反射这种辐射波的强度。如使用闪光灯的摄影和侧视雷达。

遥感通常是能够成像的，即把所探测的地物辐射的电磁波强度用不同的色调构成图像，如航片和卫片。早期主要采用光学摄影，以感光胶片记录；后来出现了电子扫描摄影，将所探测视场分为若干像元，传感器按顺序接收每个像元的电磁波强度，并将其转换成电信号，经传输、处理再显示成图像。如电视摄像、雷达成像等。遥感也有非成像方式，如红外温度计、微波散射计等只记录数据和曲线的遥感设备。

按应用领域可以分为农业遥感、林业遥感、地质遥感、大气遥感等。

2.7　遥感特征及其分辨率

首先，遥感具有感测距离远，视域范围大的空间特性。如美国陆地卫星可在距离地表 700km 高处进行观测，拍摄的 TM 图像每景可覆盖地面区域约 185km × 185km。

其次，遥感具有明显的时相特性。遥感是瞬时成像，但是通过重复观测，可以周期获取多时相数据。通过不同时间成像资料的对比，可以研究地面物体的动态变化，为环境监测、病虫害等地物发展变化规律的研究提供了条件。

最后，遥感有明确的光谱特性。在电磁波谱中，各波段间性质差异很大，用途也各不相同，研究中需要明确波段范围。光谱特性可以用于地物分类、制图、遥感定量分析和应用等。

这三大特性分别对应遥感的 3 种分辨率，是评价遥感信息的 3 个基本标准（陈述彭，1998）：

（1）空间分辨率

空间分辨率是指遥感图像中一个像素所代表的地面范围的大小，它确定了遥感系统获取地面源信息的离散化程度，反映了遥感的概括程度随着地面分辨率的降低而增大，是选择信息源的重要标准之一。空间分辨率的提高，使得遥感地学分析的微观程度和精度增加，提高和拓展了应用价值。随着高空间分辨率新型传感器的应用，遥感图像空间分辨率从 1km、500m、250m、80m、30m、20m、10m、5m、1m 发展到 0.4m，军事侦察卫星传感器可达到 15cm 或者更高的分辨率。空间分辨率的提高，有利于分类精度的提高，但也增加了计算机分类的难度。

（2）光谱分辨率

光谱分辨率为传感器探测光谱辐射能量的最小波长间隔或者波段宽度。多波段光谱信息的利用大大开拓了遥感应用的领域，也使专题研究中波谱段的选择针对性越来越强，可以用于地物分类、制图、遥感定量分析和应用等，提高分析判断效果。高光谱遥感的发展，使得遥感波段宽度从早期的 $0.4\mu m$（黑白摄影）、$0.1\mu m$（多光谱扫描）到 5nm（成像光谱仪）。遥感器波段宽度窄化，针对性更强，可以突出特定地物反射峰值波长的微小差异；同时，成像光谱仪等的应用，提高了地物光谱分辨率，有利于区别各类物质在不同波段的光谱响应特性。

（3）时间分辨率

时间分辨率是指在同一区域进行的相邻两次遥感观测的最小时间间隔。进行动态监测与预报，自然历史变迁和动力学分析，可以利用时间差提高遥感的成像率和解像率，或更新数据库以达到动态监测的目的。大、中、小卫星相互协同，高、中、低轨道相结合，在时间分辨率上从几小时到 18 天不等，形成一个不同时间分辨率互补的系列。

2.8　林业遥感

林业是最早应用遥感技术并形成应用规模的行业之一（李增元，2013）。20 世纪 20 到 30 年代，林业上初次出现航空目视调查和空中摄影并开始采用常规的航空摄影编制森林分布图。40 年代，随着航空林业判读技术的发展，林业开始编制航空相片蓄积量表。50 年代，航空相片结合地面的抽样调查技术得到发展。自此，我国开始航空林业遥感试验，跟进国外技术，创建了"森林航空测量调查大队"，首次建立了森林航空摄影、森林航空调查和地面综合调查相结合的森林调查技术体系。

60 年代中期，彩红外照片的应用促进了林业判读技术的进步，特别是树种判读和森林虫害探测。70 年代，林业先后引入陆地卫星图像及其自动分类技术，开展卫星遥感试验。1977 年，利用美国陆地资源卫星 MSS 图像，首次对我国西藏地区的森林资源进行清查，填补了西藏森林资源数据的空白，这也是我国第一次利用卫星遥感手段开展的森林资源清查工作，相关成果获 1978 年全国科学大会奖。80 ~ 90 年代，随着卫星遥感的逐渐成熟，着手建设遥感图像数据库，并全面推广卫星遥感，开展森林资源清查。

进入 21 世纪，高分辨率遥感数据层出不穷，国产卫星也开始得到发展和应用，激光雷达技术和合成孔径雷达技术开始得到应用，林业遥感逐渐步入定量化和精细化应用时代。

林业遥感由中国林业工作特点和遥感功能所共同决定。表 2-2 列举了林业的需求和遥感所能提供的功能。

表 2-2　林业的需求和遥感所能提供的功能

编号	林业特点	林业需求	林业遥感需求	案　例
1	资源辽阔调查复杂	高精度、快速资源调查	与抽样配套的多尺度遥感调查方法	鞠洪波.《森林与湿地资源综合监测技术体系研究》丛书
2	资源再生周期长	动态监测、周期调查	多时相遥感动态遥感	徐冠华.1994.三北防护林地区再生资源遥感的理论及其技术应用[M].北京：中国林业出版社.
3	业务化特性（连续清查、二类调查）	面积、蓄积量、生物量的定量化、动态化	面积、蓄积量、生物量的高精度遥感估测	张煜星，等.2007.遥感技术在森林资源清查中的应用研究[M].北京：中国林业出版社.
4	资源宝贵特性	灾害监测预报和评估	基于遥感的病虫害和火灾等灾害监测和评价	程焕章，刘新田，逄增和，等.1992.航天遥感技术在落叶松毛虫危害区划中的应用研究[J].东北林业大学学报(5)：25 - 32.
5	三个系统和一个多样性	森林资源、荒漠化和沙化土地、湿地资源3大监测体系和生物多样性	林业建设决策需要监测资料和效益评价信息	牛振国，张海英，王显威，等.2012.1978—2008 年中国湿地类型变化[J].科学通报，57(16)：1400 - 1411.
6	生态服务功能	生态效益估算	森林碳储量	庞勇，黄克标，李增元，等.2011.基于遥感的湄公河次区域森林地上生物量分析[J].资源科学，33(10)：1863 - 1869.

目前，林业遥感应用还存在目视解译效率不高，自动化解译精度难以实用化的问题。森林资源调查、荒漠化监测和湿地监测中植被等地表特征信息提取的技术还不成熟，多以半定量为主，极大地影响了定量遥感技术在林业调查和监测业务中的深度和广度应用。根据表 2-2 中的需求和当前技术水平来看，林业遥感应用还面临着很多技术难题，例如：森林面积、森林灾害、荒漠化等遥感信息自动提取技术；森林、湿地、沙地等重要生态资源变化自动检测技术；森林树高、郁闭度、蓄积量、地上生物量和碳储量等重要生态参数的遥感反演技术；森林树种（或群落）的遥感分类技术等。造成以上问题的主要原因有两方面。

一是目前还不能很好地运用现有的数据，如多光谱（如 Landsat，CBERS）、高空间分辨率（如 IKONOS、QuickBird）、中粗空间高时间分辨率（如 NOAA、FY、MODIS）等光学遥感数据。虽然卫星遥感数据源较为丰富，国内也开展了较多的应用技术研究工作，但多数研究还局限于基于经验的影像解译和经验模型的参数估测，所发展的模型和方法对复杂地表的适应性不强，推广性差，较难满足林业遥感业务的实际需求。

二是一些适合林业应用的遥感传感器(如高光谱、激光雷达和极化 SAR),我国目前还没有形成业务化的航空、卫星数据获取能力,而这些遥感器无法通过进口引进,国内用户只能依赖国外卫星平台获取的数据,从而制约了国内相关林业应用前沿技术的研发。由于缺乏系统、深入地针对林业业务的遥感技术研究,至今我国尚未建立完善的林业遥感应用技术体系。一些新的应用领域,如生态退化综合评价、国家和重点区域生态安全评估等,还没有形成遥感监测的技术指标体系,这无疑严重影响了林业遥感应用技术水平的提高。

2.9 未来遥感发展趋势

2.9.1 全球综合观测趋势

半个世纪以来,全球已发射 500 余颗对地观测卫星。进入新千年后,卫星产业呈快速发展趋势,各国政府和国际组织都强烈意识到空间对地观测的重要性,投入大量资金发展各类应用卫星。在空间上,美国发射的对地观测卫星超过 50 颗,是全球卫星发射数量最多的国家。欧洲地区,俄罗斯、法国、意大利、德国等国家是主要的卫星发射大国,卫星数目为 25~50 颗。中国和印度发射的对地观测卫星超过 25 颗,也为遥感卫星大国。其次,加拿大、巴西等国家的卫星发射数量也达到了 5~25 颗,阿根廷(SAC 系列卫星)、南非(SumbandilaSat 卫星等)、尼日利亚(NigeriaSat 系列卫星)、澳大利亚(Fedsat 卫星)均有少量卫星发射。

任何一颗卫星无论技术多么先进,也不可能满足所有的用户需求。国际上卫星遥感技术的迅猛发展,将在未来几十年把人类带入一个多层、立体、多角度、全方位和全天候对地观测的新时代。由各种高、中、低轨道相结合,大、中、小卫星相协同,高、中、低分辨率相弥补而组成的全球对地观测系统,能够准确有效、快速及时地提供多种空间分辨率、时间分辨率和光谱分辨率的对地观测数据。

2.9.2 高分辨率发展趋势

随着对地观测技术的进步以及人们对地球资源和环境的认识不断深化,用户对高分辨率遥感数据的质量和数量的要求在不断提高。在 1999 年,美国太空成像公司第一颗商业高分辨率遥感卫星 IKONOS 的发射成功,开创了米级商业高分辨率遥感卫星的新时代。目前,在轨运行的 1m 分辨率以上的卫星超过 10 颗,包括美国的 Worldview-I, II (0.5m)、GeoEye-1 (0.5m)、Quikbird(0.61m)、以色列的 EROS-B(0.7m)、IKONOS (1m)、Orbview-3(1m)、俄罗斯的"资源-DK"卫星(1m)、印度的"制图星-2"(1m)、韩国的"多用途卫星-2"(Kompsat-2)(1m)等。可以肯定,今后发射的卫星,其影像空间分辨率将会越来越高,大有接近甚至超过军用卫星的发展趋势。高分辨率卫星影像包括的主要特征:地物纹理信息丰富;成像光谱波段多;重访时间短。

近 40 年来,中国先后成功发射 50 多颗地球观测卫星,初步形成了气象、陆地、资源、环境减灾四大民用系列的天基对地观测体系。在 16 个国家科技重点专项之一的"高分辨率对地观测体系"框架下,中国正着手研发新一代高分辨率对地观测体系,重点展开基于卫星、平流层飞艇和飞机的高分辨率先进观测体系，构建高空间分辨率、高时间分辨率、高光谱分辨率和高精度观测的时空和全天候、全天时的对地观测体系，树立对地观测数据的空中支持和运行体系，进一步提升中国空间数据自给率，构建空间信息产业链。

"高分专项"是一个非常庞大的遥感技术项目，包含至少 7 颗卫星和其他观测平台，已有编号分别为"高分一号"到"高分八号"，它们都将在 2020 年前发射并投入使用。"高分一号"为光学成像遥感卫星；"高分二号"也是光学遥感卫星，但全色和多光谱分辨率都提高 1 倍，分别达到了 1m 全色和 4m 多光谱；"高分三号"为 1m 分辨率；"高分四号"为地球同步轨道上的光学卫星，全色分辨率为 50m；"高分五号"不仅装有高光谱相机，而且拥有多部大气环境和成分探测设备，如可以间接测定 PM2.5 的气溶胶探测仪；"高分六号"的载荷性能与"高分一号"相似；"高分七号"则属于高分辨率空间立体测绘卫星。"高分八号"提前发射，为光学遥感卫星。"高分"系列卫星覆盖了从全色、多光谱到高光谱，从光学到雷达，从太阳同步轨道到地球同步轨道等多种类型，构成了一个具有高空间分辨率、高时间分辨率和高光谱分辨率能力的对地观测系统。

2.9.3　微波遥感发展趋势

微波遥感的突出优点是具全天候工作能力，不受云、雨、雾的影响，可在夜间工作，并能透过植被、冰雪和干沙土，以获得近地面以下的信息。广泛应用于海洋研究、陆地资源调查和地图制图。微波雷达可探测出目的物体的较细节的特征，通过对比数据库，可以分析出目标到底是什么。

由于微波独特的性能在遥感应用中发挥着越来越重要的作用，其与可见光、红外遥感技术共同成为社会、经济及科学发展中不可或缺的航天科技领域。微波发展初期，从信息获取方式及机理分析，微波遥感主要包括 4 种基本型仪器：微波辐射计、微波散射计、微波高度计、合成孔径雷达，其信息形式是成像和非成像。经过 40 多年的发展和应用，根据不同的应用及载体形式，已派生出数十种不同功能的遥感器，并且微波的信息载体也从以幅度信息为主的数据发展为全电磁波参量作为信息载体的形式，大大扩大了其应用领域和功能。

而从信息提取、识别、解译角度看，由于不同方式、不同层次的信息处理方式及理论建模的出现，对信息的认知已不是直观的"看图识字"形式，而是能够发掘出更深层的信息含量，并对原始信息进行本质性的改善。由于技术水平的时代限制，在很长一段时间不能根据应用及理论来选择最佳遥感频率，多数在较长厘米波段上工作。随着技术的发展，频率的选择已有了很大的自由度。微波遥感整体水平有了根本性的提高。

进入 21 世纪，微波遥感发展也跨入了新的发展阶段，将会占有越来越多的份额。其发展方向主要可以分为 5 个方面：①不断发展新的遥感机理、发展新的更强功能的遥感器；②全电磁波参量信息提取；③发展更先进的信息处理方法；④目标特性及电磁波与介质相互作用研究；⑤开辟更高频技术。

2.9.4　新型探测手段

激光雷达技术"激光雷达"，英文为 lidar（light detection and ranging），是一种主动

遥感技术。相对于传统光学被动遥感提供的二维平面信息，激光雷达可以提供包含高度的三维数据，能够更加精确地提取森林高度、覆盖度、叶面积指数和生物量等关键参数，为林业提供了更多的信息量。因此，激光雷达引起了包括仪器厂商、林学家、生态学家和政府部门等不同层面的广泛关注，发展势头迅猛。

太赫兹(Terahertz，THz)波是指电磁振荡频率在 10^{12} Hz 数量级附近的电磁波(戴宁等，2009)。通常把频率在100GHz ~ 10THz 范围内，对应的波长在 30 ~ 3000μm 间的波段称为太赫兹波段。太赫兹波段处于微波毫米波和红外线之间，相对微波无线电，太赫兹波的频率太高，无法采用微波无线电的常用技术；相对红外和可见光，太赫兹波的频率又太低而不能采用常用的光学技术。因此，太赫兹波的产生和接收(探测)至今依然是难题。太赫兹波段是人类迄今为止认知最少的电磁波，自然界也没有高效率的太赫兹源。

然而，太赫兹亚毫米波可以用来探测大气中特定种类或相态的踪迹成分，如水气、冰云、臭氧等，从而给出有关对流层和平流层中上升气流运动的信息，实现环境降水分布监测。太赫兹波对因人类活动而排放的含氯、氮、硫、氰废气有特殊的敏感性，可用于臭氧层的大气环保监控。随着遥感领域的扩大，人们对太赫兹波探测的灵敏度和频率范围提出了越来越高的要求，导致近年来太赫兹波技术的飞速发展。

>>>>>>>>>>>>>>>>>>>>>>>>>> 思考题 <<<<<<<<<<<<<<<<<<<<<<<<<<

1. 对地观测系统和遥感的概念及其分类？
2. 电磁波、电磁辐射、电磁波谱和波段的概念及遥感常用的电磁波？
3. 阅读表 2-2 参考文献，详细了解林业遥感的应用实例，增加对林业遥感概念及特点的理解。

>>>>>>>>>>>>>>>>>>>>>>>>>> 参考文献 <<<<<<<<<<<<<<<<<<<<<<<<<<

安培浚，高峰，曲建升. 2007. 对地观测系统未来发展趋势及其技术需求[J]. 遥感技术与应用，06：762 – 767.

陈述彭. 1998. 地理系统科学[M]. 北京：中国科学技术出版社.

戴宁，葛进，胡淑红，等. 2009. 太赫兹探测技术在遥感应用中的研究进展[J]. 中国电子科学研究院学报，03：231 – 237.

郭东华. 2012. 对地观测 50 年的发展与思考[D]. 测绘地理信息发展论坛大会.

李增元，等. 2013. 中国林业遥感技术与应用发展现状及建议[J]. 中国科学院院刊.

施建成. 2013. 微波遥感机理模型研究进展[J]. 中国科学院院刊，2013 年增刊.

中华人民共和国国务院. 2006. 国家中长期科学和技术发展规划纲要(2006—2020 年).

现代林业信息技术

第 3 章
基于遥感的林业信息提取

本章从林业遥感常用的几大方法入手，来阐述林业遥感信息提取的理论基础。值得注意的是，很多信息提取方法也适用于非遥感数据。

3.1 光谱分析方法

3.1.1 地物的光谱特性

自然界中的任何地物都具有自身的特有光学特性，如反射或者吸收某些波段，包括紫外线、可见光、红外线和微波；或者由于自身的热辐射而发射红外线或者微波；或者少数地物能够部分或者完全透射电磁波。

一般而言，当电磁辐射能量入射到地物表面时，通常会出现3种过程：

①反射 一部分入射能量会被地物反射回来。

②吸收 一部分入射能量被地物吸收，成为地物本身内能；吸收的能量也可以部分再发射出来。

③透射 一部分入射能量被地物透射。

不同地物的光谱特性通常不同，这是 RS 技术的重要理论基础，既为传感器工作波段的选择提供依据，又为 RS 数据正确分析和判读提供理论基础，同时也为利用电子计算机进行数字图像处理和分类提供参考标准。

3.1.2 地物的反射光谱特性

地物的反射光谱特性是指地物反射电磁辐射的能力，它和电磁波波长、入射角度、观察角度、地物的粗糙度等都有关。早期通常认为地物的反射率主要随入射波长和入射角度变化而变化，而忽略了观测角度的变化，仅仅用垂直观测来代表。通常，入射条件不变时，地物的反射率越大，传感器获得并记录的能量值越大，可视效果是图像色调越浅；反之，反射率越小，传感器记录的能量值小，可视色调深。实际上，随着观测角度变化，地物的反射率也会发生变化，这种现象称为双向反射现象。

地物的反射光谱采用地物的反射率来表示，也就是地物的反射能量与入射的总能量之比。根据能量守恒定律，对不透明地物而言，反射率高的地物，吸收率低。地物的反射率容易测定，吸收率较难测量，可以通过反射率推求。但是需要注意的是，地物的反射率是波长、入射角度、观测角度、天空光比例和地物内部结构的共同函数，非常复杂。但是，传统的遥感通常认为波长是主要影响因素。

3.1.3 地物的反射光谱曲线

地物的反射率随入射波长变化的规律是地物反射光谱特性的一个重要方面，通常用曲线形式表达。以波长为横坐标，反射率为纵坐标，绘成的曲线图称为地物反射光谱曲线，也称作地物反射波谱曲线(图3-1)。

不同地物，通常具有不同的反射率光谱曲线。同种地物，不同形态下也可能会具有不同的反射光谱曲线。以水为例，液态水反射率很低，纯净水在各个波长都小于10%，以蓝光谱段最高。而雪、云和冰在可见光的大部分区域(0.38~0.70μm)内的反射特征却都很高。在近红外中波段(1.55~1.75μm)和长波段(2.10~2.35μm)，云的反射率又远远大于雪的反射率。

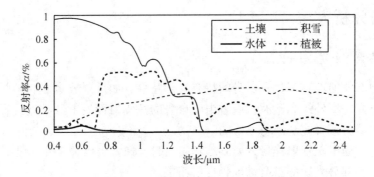

图3-1　典型地物的反射光谱曲线

林业最关注的地物之一是植被。典型的绿叶植物光谱具有如下特征(图3-2)：

在可见光波段，蓝光波段(0.38~0.50μm)反射率低，绿光波段(0.50~0.60μm)的中点0.55μm左右，形成一个反射率的较小峰值，可以解释绿色健康植物叶片为什么是呈现绿色的原因。红光波段(0.60~0.76μm)的反射率较低，在0.65μm附近形成一个低谷。这是可见光波段的主要变化，主要受叶绿素控制。

在红光到近红外波段的过渡波段(0.70~0.80μm)：通常叫做红边波段，在该范围植被反射率急剧上升，到近红外波段0.80μm附近达到最高峰。这主要是由于植物的大量细胞壁使得光线在细胞间的多次散射加剧，增加了反射辐射。

在短波红外(如1.1μm以后)波段，由于水分吸收加强，反射率下降，尤其是在几个水分吸收带形成吸收谷。

总体上，影响植物反射率的主要因素包括叶绿素、细胞结构和含水量等。

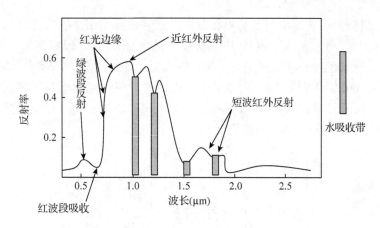

图 3-2　植被反射光谱曲线

3.1.4　光谱仪及反射率测量

为了研究不同地物在野外自然条件下的反射光谱，需要适用于野外测量的光谱仪器。目前，国内较为常用的是美国 ASD 公司 FieldSpec 系列便携式光谱分析仪。除了 ASD，国际上还有一些比较常见的光谱仪，比如美国 SVC 公司的 GER 系列，美国 OCEAN OPTICS 和荷兰 AVANTES。OCEAN OPTICS 生产的光谱仪小巧便宜，光谱响应范围(200～1100nm)能满足大多数测量要求。AVANTES 光纤光谱仪性价比也较高。专门针对植物测量的还有一套英国 PP System 公司生产的 UniSpec-SC 光谱仪。UniSpec-SC 为单通道便携式光谱分析仪，整合式电脑，内置光源，可在田间及室内各种条件下测定物体的光谱反射。用于测定各种类型植物叶片、群体冠层的叶绿素指标、氮素营养指标、叶黄素循环组分、植被指数(NDVI)、光能利用效率、CO_2 通量、H_2O 通量以及群体结构等生理生态指标。

林业遥感中常用的 ASD 光谱仪主要有 2 种：FieldSpec Pro FR 全光谱便携式光谱分析仪和 FieldSpec HandHeld 手持便携式光谱分析仪。FieldSpec Pro FR 是 ASD 公司的拳头产品，波长范围很宽(350～2500nm)，适用于从遥感测量、农作物监测、森林研究到工业照明测量、海洋学研究和矿物勘察的各方面应用。但是价格较高，约 60～80 万元。相比而言，FieldSpec HandHeld 手持便携式光谱分析仪波长范围较窄(300～1100nm)，但是基本覆盖了植被和水体的特征波段，精度较高，价格较低(＜10 万元)，因此应用最广。

下面以 FieldSpec HandHeld 手持便携式光谱分析仪为例，介绍如何开展野外反射光谱测量。测量之前要检查仪器是否正常，光纤、白板、驱动光盘等附件是否齐全(图 3-3)。

图 3-3　ASD 公司 FieldSpec 全光谱便携式
光谱分析仪与手持式光谱仪

第一步，根据光谱仪探头的视场角和距离，确定目标大小，然后选择具有代表性的测量对象（如叶片、草地、土壤等），以反映被测目标的平均状态。

第二步，选择稳定的天气（晴空、太阳周围无云、能见度高、风速小）和恰当的时间（10：00 至 15：00 太阳光强稳定）。测量土壤光谱时，应该考虑土壤湿度的影响，一般应该在下雨后过 3 天进行。为了使数据具有稳定性和代表性，同一种地物测量至少测量 5 次，取平均值以保证测试结果的准确性。

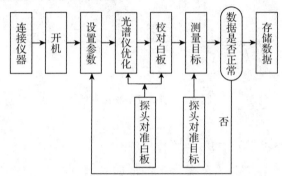

图 3-4　野外光谱测量的基本流程

光谱测量的主要步骤有：采集暗电流；光强饱和优化；观测参考白板；观测地物。每种地物光谱测量前，都需要对准标准参考板进行定标校准，以得到接近 100% 的基线，然后对着目标地物测量。除了多角度遥感观测需要，测量仪器通常垂直向下进行测量，方便数据比较。探头高度的确定和视场角有关，在野外尽量选择宽视域探头，以便获取平均光谱。

野外地物光谱测量是一个需要综合考虑各种影响因素的复杂过程，获取的光谱数据主要受以下因素共同影响：太阳高度角、太阳方位角、云、风、相对湿度、入射角、探测角、仪器扫描速度、仪器视场角、仪器的采样间隔、光谱分辨率、坡向、坡度及目标本身光谱特性等。因此，光谱测定前要根据测定的目标对象与任务制订相对应的试验方案，尽可能排除各种干扰因素对所测结果的影响，使所得的光谱数据能如实反映目标本身的光谱特性。测量过程中应该注意以下几点：

①避免阴影　探头定位时必须避免人和探头的阴影影响视场内目标，通常人应该面向阳光，这样可以得到一致的测量结果。

②白板要准确　天气较好时每隔几分钟就要用白板校正 1 次，防止传感器发生响应漂移和太阳位置发生变化，如果天气较差，应增加校正次数。校正时白板应放置水平。

③避免人为环境干扰　不要穿戴浅色、鲜艳的衣帽，因为穿戴白色、亮红色、黄色、绿色、蓝色的衣帽，会干扰环境光，进而改变反射物体的反射光谱特征。

④避免随机误差　在时间允许的条件下，尽量多测一些光谱，降低测量异常出现的概率。每个测点测试 5 个数据，以求得平均值，降低噪声和随机性。

⑤记录辅助信息　在所有的测试地点必须采集 GPS 数据，详细记录测点的位置、植被覆盖度、类型以及异常条件、探头的高度，配以野外照相记录，便于后续的解译分析。

图 3-5 所示为光谱仪测得的不同含沙量水体反射光谱曲线。

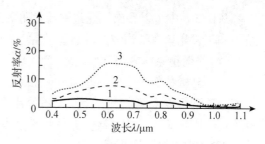

3.1.5　光谱预处理方法

要想获得较好的光谱分析效果，首先要进行光谱预处理，主要包括去噪和剔除异常曲线和波段。去噪主要是去除光谱中由于背景干扰、视场不均匀性和仪器不稳定性等带来的锯齿状随机噪声，通常为高频信号，可以通过平滑算法、傅立叶变换和小波分析等方法实现。其中，平滑最为方便，基本思想

图 3-5　不同含沙量水体反射光谱曲线

（梅安新，2001）

1. 湖水（泥沙含量 47.9mg/L）
2. 长江水（泥沙含量 92.5mg/L）
3. 黄河水（泥沙含量 96.0mg/L）

是在光谱波长前后选取若干点进行"平均"或者"拟合"，达到抑制噪声的目的。

所谓的异常曲线是指观测曲线与参考曲线存在显著差异的观测值，可以通过人工剔除，也可以采用一些定量指标判断去除，例如马氏距离判断去除法（陈斌等，2008）。异常波段主要是指水吸收影响严重的波段区域，反射率抖动严重，或者异常偏高，一般为 $1351 \sim 1416 \text{nm}$，$1797 \sim 1969 \text{nm}$ 和 $2474 \sim 2500 \text{nm}$。

还可以对反射率进行各种变换，如微分、导数、对数、平方根、重采样等。对变化后的结果进行分析，有可能得到原始反射率难以获得的信息。下面介绍几种常见的光谱变换方法。

（1）光谱微分方法

一阶微分可以去除部分线性或者近线性的背景、噪声光谱对目标光谱的影响。野外测量光谱均为离散形式，可以转化为差分形式求解微分：

$$\frac{\Delta \rho}{\Delta \lambda} = \frac{\rho(\lambda_{i+1}) - \rho(\lambda_{i-1})}{\lambda_{i+1} - \lambda_{i-1}} \tag{3-1}$$

据此，光谱的一阶和二阶微分可以近似表达为：

$$\rho'(\lambda_i) = [\rho(\lambda_{i+1}) - \rho(\lambda_{i-1})]/2\Delta\lambda$$

$$\rho''(\lambda_i) = [\rho'(\lambda_{i+1}) - \rho'(\lambda_{i-1})]/2\Delta\lambda = [\rho(\lambda_{i+1}) - 2\rho(\lambda_i) + \rho(\lambda_{i-1})]/\Delta\lambda^2 \tag{3-2}$$

式中，λ 为波长；ρ 为反射率；上标 $'$ 和 $''$ 分别代表一阶和二阶。以土壤和植被的典型光谱图 3-6（a）为例，一阶微分的运算结果如图 3-6（b）所示：

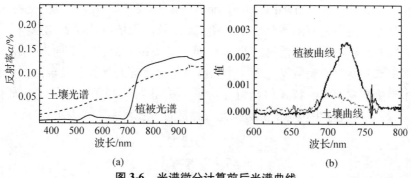

(a)　　　　　　　　　　　　(b)

图 3-6　光谱微分计算前后光谱曲线

（a）原始光谱　（b）光谱一阶微分

从图 3-6 中可以看出，通过对土壤和植被进行光谱微分计算，可以更加明显地看出植被和土壤光谱在红边波段的显著差异。

（2）光谱重采样方法

为了分析特定传感器的光谱分析能力，可以将测量的高光谱文件按照传感器的波段响应函数进行重采样，人为降低光谱分辨率，得到新的多光谱反射率数据。以 ENVI 软件为例，应用其光谱重采样功能将其光谱库中的一条植被高光谱曲线重采样为 ASTER 宽波段多光谱数据（图 3-7）。

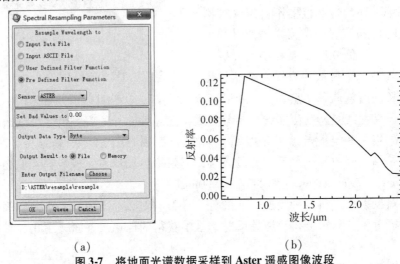

（a）　　　　　　　　　　　　　（b）

图 3-7　将地面光谱数据采样到 Aster 遥感图像波段

（a）ENVI 界面　　（b）重采样后效果

（3）光谱降维方法

高光谱数据量大，波段自相关性高，冗余度高，通常需要进行维度约减以变换为若干较少的波段。常用的降维方法有基于特征提取的降维方法和波段选择方法。特征提取方法的典型方法是主成分分析或者小波分析方法（汤国安，2004），具备良好的数学基础和维度降低效果。不过特征提取通常会改变原来的波段内容，不利于解译。因此，可以通过选择最合适的若干波段来降维。被选择的波段应该满足信息量最大和最有利于分类。常见的波段选择方法有基于信息量（如信息熵值）的选择、最佳指数（OIF）、光谱距离等。

下面介绍主成分变换（Principal Components Analysis，PCA）。主成分变换又称 K－L 变换，是一种除去波段之间的多余信息，将多波段的图像信息压缩到比原波段更有效的少数几个波段的方法。遥感中常见的 PCA 变换就是缨帽变换（KT 变换）。实际主成分分析中，这些主成分是对原始数据进行线性变换而获得。首先计算各波段之间的协方差矩阵，然后求出协方差矩阵的特征值和特征向量，并用 λ_p 代表第 p 波段的特征值（$p = 1$，2，$\cdots$，n），则各主成分中包含的原数据总方差的百分比可用下式表示：

$$p(\%) = \frac{\lambda_p \times 100}{\sum_{i=1}^{n} \lambda_p} \tag{3-3}$$

用 α_{kp} 代表第 k 波段和第 p 波段主成分之间的特征向量，则第 k 波段和第 p 波段主成分之间的相关系数 R_{kp}，可以用下式表示：

$$R_{kp} = \frac{\alpha_{kp} \times \sqrt{\lambda_p}}{\sqrt{V_{ark}}} \tag{3-4}$$

式中，V_{ark} 为第 k 波段的方差。一般各波段和第一主成分（PC_1）的相关系数较高，后面的主成分相关系数则逐渐变小。

3.1.6　常见光谱分析方法

遥感光谱分析方法是基于电磁辐射与物质相互作用原理，根据获得的地物波谱曲线特征进行地物类型定性识别分类（如树种分类、森林类型分类、土地利用分类等）和参数定量反演（如叶绿素含量、土壤含水量、生物量等）的方法。

3.1.6.1　定性识别分类技术

（1）光谱匹配技术

用已知的波谱曲线和待识别地物的波谱曲线进行对比，理想情况下两条波谱曲线一样，就能说明这个像元是哪种物质，这种光谱匹配方法称作整波形匹配算法。对应的主要匹配算法有 4 种：①最小距离匹配，如欧式距离、马氏距离和巴氏距离等；②最小光谱夹角匹配，如光谱角填图（SAM）法；③最大相似稀疏匹配，如交叉相关光谱匹配（CCSM）；④编码匹配算法，如二值编码匹配算法。整波形曲线匹配方法没有考虑光谱内在特征和物理含义。从光谱曲线上提取有意义的光谱特征参数来完成物质匹配的方法，称作基于特征参数的匹配算法，如光谱吸收指数（SAI）。

（2）二值编码匹配（Binary Encoding）

为了在光谱库中对特定目标进行快速查找和匹配，Goetz（1990）提出了对光谱进行二值编码的建议，使得光谱可用简单的 0－1 序列来表达。

$$\begin{cases} h(n) = 0, x(n) \leqslant T \\ h(n) = 1, x(n) > T \end{cases} \quad 其中 \ n = 1,\ 2,\ \cdots,\ N \tag{3-5}$$

式中，$x(n)$ 为像元第 n 通道的亮度值；$h(n)$ 为其编码；T 为选定的门限值，一般选为光谱的平均亮度，这样每个像元灰度值变为 1 比特，像元光谱变为一个与波段数长度相同的编码序列。然而有时这种编码不能提供合理的光谱可分性，也不能保证测量光谱与数据库里的光谱相匹配，所以需要更复杂的编码方式，如分段编码，多门限编码和仅在一定波段进行编码。

（3）波谱角填图（Spectral Angle Mapper，SAM）

波谱角填图（SAM）使用 n-维角度将未知波谱与参照波谱进行匹配。该算法是将 N 个波段的光谱看做 N 维波谱向量，通过计算与端元波谱之间的夹角判定两个波谱间的相似度，夹角越小，说明越相似（图 3-8）。

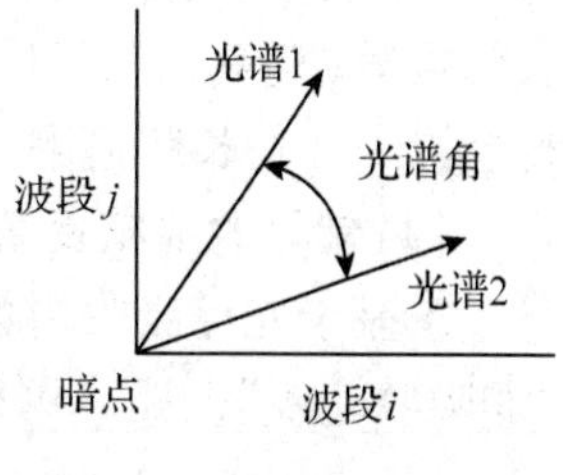

图 3-8　波谱夹角示意

(4)光谱特征匹配(Spectral Feature Fitting，SFF)

基本思想是将反射光谱数据的吸收特征突出，仅保留吸收特征(波长位置、深度、宽度、斜率、对称度、面积)等，与参考光谱进行最小二乘匹配。

(5)光谱匹配滤波(Matched Filter)

光谱匹配滤波用于用户需要自定义端元权重的情况。该方法并不需要光谱端元都是已知的。这项技术使已知端元的权重和响应最大化，并抑制未知背景，进而匹配已知信号。

(6)单因素方差判别分析(one-way ANOVA)

单因素方差分析是指对单因素(单个波段)试验的结果进行分析，可用于检验被检测因素对试验结果有无显著影响，可以初步判断在不考虑波段之间相关性的条件下，不同地物在哪些波段是有差异的。由于单因素方差分析过程假设波段间是完全相互独立的，并没有考虑波段与波段之间的相关性，因此，只能提供基础的波段重要性信息，在此基础上还需要进一步的分析。

(7)逐步判别分析(Step Discrimination Analysis，SDA)

逐步判别分析是在已知观测对象及可能影响观测对象的某些变量时常用的一种统计分析方法。其基本原理是首先引入所有光谱变量中最具有判别能力的变量，然后依次引入判别能力相对较弱的变量。当引入变量数达到 3 个时，由于变量之间的相互作用，会对之前引入变量的显著性产生影响，此时需要将显著性低的变量剔除，最终通过判别得到一组变量组合，依此建立的判别函数有较高的判别精度。

3.1.6.2 参数定量反演

(1)遥感反演概念

遥感反演就是根据观测的光谱信息，建立求解或推算关系模型，以获取地面应用参数。这种关系模型可以分为统计型和物理型。统计模型基于陆地表面变量和遥感数据的相关关系，优点在于容易建立并且可以有效概括从局部区域获取的数据，缺点在于模型一般具有地域局限性，也不能解释因果关系；物理模型遵循遥感系统的物理规律，优点在于可以建立因果关系，地域变化时，也可以方便修改变量，缺点在于模型的建立过程漫长而曲折(梁顺林，2009)。

比较成熟或者常用的反演模型包括：植被生物参数反演模型(氮、叶绿素、水分等)，水质参数反演模型(浑浊度、透明度、总悬移质泥沙含量、pH 值、总含氮量等)，大气成分(臭氧、二氧化碳、二氧化硫、甲烷等痕量气体，气溶胶等)。应用包括植被盖度监测、作物长势监测、水华监测、大气环境监测等。

(2)常见的遥感反演技术

①基于光谱吸收指数的统计反演　在光谱曲线中，吸收谷点 M 与两个肩端组成的"非吸收基线"的距离可以表征为光谱吸收深度(H)，吸收的对称性参数 d 可表达为 $d = (\lambda_m - \lambda_2)/(\lambda_1 - \lambda_2)$，而吸收肩端反射率差为 $\Delta\rho = \rho_2 - \rho_1$，则光谱吸收指数可表示为：

$$SAI = \rho/\rho_m = \frac{d\rho_1 + (1 - d)\rho_2}{\rho_m} \tag{3-6}$$

如图 3-9 所示为光谱吸收特征量化示意。

光谱吸收指数可以建立与目标反演参数的定量统计关系，比如土壤含水量与水分吸收深度有良好的相关关系。

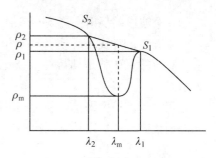

图 3-9　光谱吸收特征量化

②基于植被指数的统计反演　利用不同波段反射率进行数学运算组合而成的能反映植物生长状况的指数，称为植被指数（Vegetation Index，VI）。VI 可以检测植被生长状态、植被覆盖度和消除部分辐射误差等。根据植物的典型光谱特征可知：植被红光波段（R）有很强的吸收特性，而在近红外波段（NIR）有很强的反射特性，期间的红边波段呈现陡峭上升的趋势。通过这两个波段测值的不同组合可得到不同的植被指数，比如归一化差值植被指数（$NDVI$）和简单比值植被指数（RVI）。$NDVI = (NIR - R)/(NIR + R)$，取值范围是 $-1 \leqslant NDVI \leqslant 1$，负值表示地面覆盖为云、水、雪等，对可见光高反射；0 表示有岩石或裸土等，NIR 和 R 近似相等；正值表示有植被覆盖，且随覆盖度增大而增大。$NDVI$ 能反映出植物冠层的背景影响，如土壤、潮湿地面、雪、枯叶、粗糙度等，且与植被覆盖有关。不过 $NDVI$ 也有局限性，对高植被区具有较低的灵敏度。

③基于物理模型的参数反演方法　物理模型是指能够从机理上正向描述光线辐射传输过程，通过给定植被叶片或者冠层的几何条件以及组分光谱模拟遥感观测光谱的模型。物理模型通常较为复杂，输入参数较多，但是机理清楚，适用性广。

植被遥感中最为常见的物理模型有叶片模型 PROSPECT（阔叶模型）和 Liberty（针叶模型）、均匀植被冠层模型 SAIL、五尺度模型 5-Scale、几何光学模型 GOMS，以及一些三维辐射传输模型（DART、RGM、FLIGHT 等）。主要模型的介绍和比较可参见网址 http：//rami_benchmark.jrc.ec.europa.eu/HTML/。应用简单而广泛的是 PROSPECT 和 SAIL 模型的耦合模型 PROSAIL 模型。PROSAIL 考虑了叶片的镜面反射、土壤的非朗伯特性、冠层的热点效应和叶片倾角效应，能有效地描述均匀植被冠层的反射特性。

以 PROSAIL 模型反演叶面积指数 LAI 为例，开展模型反演主要包括如下步骤：

第一步，明确模型的输入输出参数集合。两类输入参数包括叶片参数（结构参数 N、叶绿素含量 LCC、含水量 Cw 和干物质含量 Cm 等）和冠层结构（LAI、叶片倾角分布函数 LAD、叶片大小、观测角度和太阳入射角度等）。模型的输出为多角度高光谱曲线。

第二步，开展敏感性分析模拟。通过大量模拟所有输入参数对模拟的高光谱曲线的敏感性，目的是尽量固定一些不敏感的输入参数，提高反演效率。一般而言，敏感性从大到小排序为：LAI > LCC > N > LAD > Cw > Cm。

第三步，模型参数确定。根据敏感性分析结果，采用文献测量或者实测平均值代替不太敏感参数（如 N、LAD、Cw 和 Cm）。

第四步，建立查找表（Look Up Table，LUT）。按照一定波长和范围不断改变包括 LAI 在内的敏感性高的参数（如 LCC），模拟给定传感器的反射光谱曲线，进而建立一张表格。例如，传感器只有 4 个波段，那么表格就有 6 列（LCC、LAI、波段 1 反射率、波段 2 反射率、波段 3 反射率、波段 4 反射率），每行是不同的 LCC 和 LAI 的组合及其对应的 4 个波段的反射率。

第五步，查找表反演。对于每条测量光谱曲线，到 LUT 中去找到吻合最好的光谱值，对应的 LAI 就是期待的反演结果。吻合度一般采用最小方差或者最大相关系数来表示。

第六步，精度评价。利用实地测量的 LAI 和反演的 LAI 之间计算相关系数、均方根误差等参数，就可以评价反演结果好坏。

3.1.7 案例分析

【例 3.1】植物水分反演

植物水分反映了植被的生长状况，植物含水率对森林健康、旱灾等监测具有重要意义。通过遥感反演大面积植被的含水量具有现实意义。

表征植被含水量的方法一般有 2 种：相对含水量 FMC（Fuel Moisture Content，FMC）和等效水厚度（Equivalent Water Thickness，EWT）。FMC 是叶片含水量占鲜重的百分比，EWT 是单位叶面积的含水量。

通过实地调查采集叶片，进行烘干，可以得到实测的植物含水量。在烘干前，利用 ASD 测量叶片的反射率光谱曲线。如何从光谱曲线中反演出植物含水量是本案例分析的问题。最简单的方式是建立植物水分光谱指数和含水量之间的定量关系。常见的水分光谱指数有归一化差异水分指数（$NDWI$）、水分指数（WI）、水分胁迫指数（MSI）、全球植被水分指数（$GVWI$）和短波红外水分胁迫指数（$SIWSI$）和简单比值指数（SR）等。部分公式如下：

$$SR = R_{1600}/R_{820}$$

$$SWAI = \frac{R_{820} - R_{1600}}{R_{820} + R_{1600} + L} \times (1 + L)$$

$$II = (R_{820} - R_{1600})/(R_{820} + R_{1600})$$

$$WI_1 = R_{970}/R_{900}$$

$$NDWI = (R_{860} - R_{1240})(R_{860} + R_{1240})$$

$$WI_2 = R_{950}/R_{900}$$

通过从光谱曲线中提取 820nm、860nm、900nm、950nm、970nm、1240nm、1600nm 等波段处的反射率，然后代入上述公式，就可以计算出对应水分指数。然后，应用最小二乘方法建立水分指数和 FMC 或者 EWT 的关系即可。

【例 3.2】树种叶片分类

树种分布是森林资源调查的重要方面，利用叶片光谱对树种进行分类是判断树种间可分性的基础。本案例以吉林省蛟河市温带红松针阔混交林为例开展主要树种的叶片分类研究。主要研究步骤包括：

（1）确定目标

白桦，白牛槭，春榆，红松，裂叶榆，蒙古栎，青楷槭，色木槭，紫椴 9 个树种（表 3-1）。

表 3-1　9 个树种叶片正反面图片

	白桦	白牛槭	春榆	裂叶榆	蒙古栎	青楷槭	色木槭	红松	紫椴
正面									
反面									

（2）布设样点

夏季，在实验林场内随机分布 30 多个样点。

（3）光谱数据采集

采用汉莎科学仪器有限公司生产的 Unispec-SC 光谱仪，测量光谱范围为 300 ～ 1150nm，光谱间距为 3.3 ～ 3.4nm。

（4）光谱预处理

剔除异常曲线；剔除异常波段（由于 300 ～ 470nm 及 1050 ～ 1150nm 光谱噪声很强，因此，仅保留 470 ～ 1050nm 之间的波段用于研究）；对数变换、一阶导数变换、二阶导数变换分别处理。

（5）可分性分析

分别选用单因素方差分析（one-way ANOVA）、逐步判别分析（Step Discrimination Analysis，SDA）和因子分析（Factor Analysis，FA）。图 3-10 中显示了不同波段区分树种的能力，频率越高，区分能力越高。可以看出红边波段区分能力最稳定最好，对于针阔树种分类来说，出现频率大于等于 10 的波段为：511.5nm、675.4nm、722nm、508.1nm、702.1nm、718.7nm、692.1nm、788.5nm、1049.2nm、504.8nm、688.7nm、765.2nm、798.4nm、825nm、854.8nm、957.1nm、815nm、818.3nm、864.7nm。

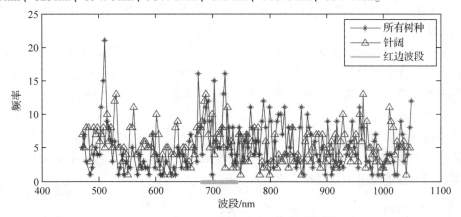

图 3-10　SDA 波段出现频率

（6）总结精度

基于实测的叶片级别高光谱曲线，可以准确区分针阔树种，所有树种分类精度也能达到 80% 以上。

3.2 图像分析方法

遥感所获得的大范围的电磁波谱信息通常以图像形式保存，图像的亮度反映不同地物对电磁波的反射、散射或者发射强度。由于胶片形式越来越少，多数遥感图像以数字形式记录下来，表现为若干波段的二维矩阵集合，矩阵元素称为像素，其值称为亮度值（或称为灰度值、DN 值）。遥感图像分析就是根据图像所包含的多维度信息，包括光谱信息、空间信息、多时相信息和辅助数据来确定地表性质（如土地利用分类、森林类型、优势树种、病虫害危害程度等）和大面积定量参数（如树高、生物量、全国森林碳储量或者蓄积量）及其变化。

3.2.1 数字图像预处理方法

为服务于各类遥感图像分析的需求，首先对获得的图像文件进行预处理。主要内容包括：文件格式转换、图像纠正、图像变换、信息统计。

文件格式转换主要用于统一不同来源的遥感数据格式。图像校正包括辐射校正和几何校正。其中，辐射校正包括辐射定标、大气校正和地形纠正等。几何校正包括粗校正和针对各种传感器的精校正、图像匹配、图像镶嵌等。一般而言，经过辐射校正和几何校正的数据就可以用于后续分析了。但是如果能够进行正确的图像变换，将更有利于后续分析。单幅图像变换主要包括以下功能。

①影像增强，如分段线性拉伸，如对数变换，指数变换，直方图均衡，直方图规定化和正态化等。

②图像滤波，空间域滤波如锐化，平滑等频率域滤波如带通滤波，高通滤波，低通滤波等。

③纹理分析及目标检测，如纹理能量提取，基于边缘信息的纹理特征提取，线性算子检测，霍夫变换等。

多幅图像变换包括图像运算，图像变换以及信息融合，图像运算包括逻辑运算，逻辑比较运算和代数运算等。图像变换包括傅立叶变换、傅立叶逆变换、彩色变换及逆变换、主分量变换、穗帽变换、阿达玛变换和生物量指标变换等。信息融合包括加权融合、HIS 变换融合等。

图像信息获取可以帮助用户获得图像的基本统计信息，包括图像直方图统计，多波段图像的相关系数矩阵、协方差矩阵、特征值和特征向量的计算，图像分类的特征统计，多波段图像的信息量及最佳波段组合分析等。

3.2.2 遥感数字图像分类

利用光谱信息对像素进行逐一分类，通常分为监督分类和非监督分类。监督分类通过训练区的遥感数据，确定不同地物类别的统计特征参数，然后用这些参数作为像元分类的标准，逐一像元进行比对、完成整幅影像专题分类。非监督分类则是在没有任何先验知识的条件下，仅从像元的光谱可分性入手进行像元的光谱聚类，然后再确定每个光谱聚类对应的地物类别、完成专题分类。

监督分类方法有最大似然法、最小距离法、马氏距离法、光谱角度制图法等。其中，最大似然法应用最为广泛。最大似然法是一种参数化分类方法，是在各类光谱数据分布满足正态分布的假设前提下进行参数估计的，因此，对于呈正态分布的数据，判别函数易建立，且有很好的统计特性，理论上能获得最小的分类误差。但是当遥感影像数据特征的空间分布很复杂，或者多源数据各维具有不同的统计分布和尺度时，该方法就显示出不足。

非监督分类工作中，可以使用的聚类方法很多（图 3-11）。比如具有代表性的方法有叠代自组织数据分析技术（Iterative Self-Organizing Data Analysis Techniques，ISODATA）方法和 K-Means 分类方法。

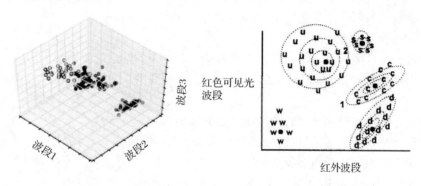

图 3-11　非监督分类中根据目标光谱的自动聚类特征分二维或三维

图像纹理、局部结构和形状等空间信息，能够提供比单个像素更多的区域和相邻像素间的关系信息，因此，应用空间信息进行分类，有利于克服噪声的影响和提高识别正确率。

分类后还需要进行后处理，包括类别合并、类别统计、面积统计、边缘跟踪等。

为了克服传统监督分类精度不高的问题，出现了若干智能分析方法，常见的有人工神经网络、决策树、专家知识分类、支持向量机等。下面分别进行阐述。

3.2.3　人工神经网络方法

人工神经网络（Artificial Neural Network，ANN），是一种模仿生物神经网络的结构和功能的数学模型或计算模型。ANN 可以看成是以人工神经元为结点，用有向加权弧连接起来的有向图。在此有向图中，人工神经元就是对生物神经元的模拟，而有向弧则是轴突—突触—树突对的模拟。有向弧的权值表示相互连接的两个人工神经元间相互作用的强弱。

ANN 是一种非线性统计性数据建模工具，常用来对输入和输出间复杂的关系进行建模，或用来探索数据的模式。目前，已经有超过 100 个 ANN 网络模型，但在实际中应用最多的一种是反向传播模型也称 B-P（back propagation）模型。

(1)B-P 模型

B-P 模型是一种用于前向多层神经网络的反向传播学习算法，由 D. Rumelhat 和 MeClelland 于 1985 年提出。它之所以是一种学习方法，就是因为用它可以对组成前向多层网络的各人工神经元之间的连接权值进行不断修改，从而使该前向多层网络能够将输入它的信息变换成所期望的输出信息。如果将该多层网络看成一个变换，而网络中各人工神经元之间的连接权值看成变换中的参数，那么这种学习算法就是要求得这些参数。之所以将其称作反向学习算法，是因为在修改各人工神经元的连接权值时，所依据的是该网络(图 3-12)的实际输出与期望的输出之差。将这一差值反向一层一层的向回传播，来决定连接权值的修改。目前 B-P 算法是研究最多的网络形式之一，是前向网络得以广泛应用的基础。它包含输入层、隐层、输出层，隐层可以为一层或多层。其间每层的激发函数要求是可微的，一般选用 Sigmoid 函数。

B-P 算法的学习过程如下：

①选择一组训练样例，每个样例由输入信息和期望的输出结果两部分组成。

②从训练样例中取一样例，把输入的信息输入到网络中。

③分别计算经神经元处理后的各层结点的输出。

④计算网络的实际输出与期望输出的误差，如果误差达到要求，则退出，否则继续执行第⑤步。

⑤从输出层反向计算到第一个隐层，并按照某种能使误差向减小方向发展的原则，调整网络中各神经元的连接权值。

⑥对训练样例集中的每个样例重复③到⑤，直到对整个训练样例集中的误差达到要求为止。

B-P 算法的缺点：

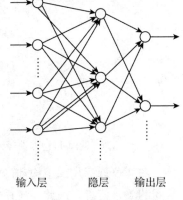

输入层　　　　隐层　　　　输出层

图 3-12　B-P 神经网络结构

①收敛速度慢，需要成千上万次的迭代，而且随着训练样例维数的增加，网络性能会变差。

②网络中隐结点个数的选取尚无理论上的指导。

③从数学角度看，B-P 算法是一种梯度最速下降法，这就可能出现局部极小的问题。当出现局部极小时，表面上看误差符合要求，但这时所得到的解并不一定是问题的真正解。所以 B-P 算法是不完备的。

(2)深度学习(DL)

近年来深度学习(Deep Learning, DL)非常活跃，是 ANN 的最新成果，在遥感图像处理中效果较好。DL 试图让计算机在训练的过程中，自动挑选最为合适的特征，在完成整个训练过程后，与数据库相应的图像特征也得到了定义。同时，深度学习算法模拟人类的视觉系统和人脑的认知过程，通过多层次结构化的处理过程，采用多层网络模型代替单层模型，用多层特征来获取图像更深层的隐藏信息。谷歌曾利用 DL 对 YouTube 视频中的小猫进行识别并获得突破，目前正利用其用于互联网搜索和自然语言处理。Facebook 已经组建了一支"人工智能团队"，利用"深度学习"人工智能算法来分析用户数

现代林业信息技术

据，用以了解用户在 Facebook 上分享的内容有何意义。

3.2.4　决策树

决策树是以实例为基础的归纳学习算法。它从一组无次序、无规则的元组中推理出决策树表示形式的分类规则。它采用自顶向下的递归方式，在决策树的内部结点进行属性值的比较，并根据不同的属性值从该结点向下分支，叶结点是要学习划分的类。从根到叶结点的一条路径就对应着一条合取规则，整个决策树就对应着一组析取表达式规则（图 3-13）。

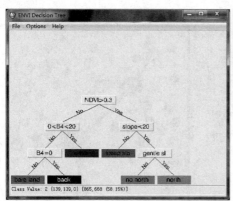
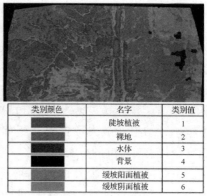

类别颜色	名字	类别值
	陡坡植被	1
	裸地	2
	水体	3
	背景	4
	缓坡阳面植被	5
	缓坡阴面植被	6

图 3-13　决策树分类示意

使用决策树进行分类步骤如下：

第一步：利用训练集建立并精化一棵决策树，建立决策树模型。这个过程实际上是一个从数据中获取知识，进行专家知识获取或者机器学习的过程。该过程又分为建树（tree building）和剪枝（tree pruning）两个阶段。

其中，基于专家知识的决策树是基于遥感影像数据及其他空间数据，通过专家经验总结、简单的数学统计和归纳方法等，获得分类规则并进行遥感分类。分类规则易于理解，分类过程也符合人的认知过程，最大的特点是决策树可以充分利用不同类型的数据源。

当缺乏完整的专家知识时，可以采用基于机器学习的学习，进行自动规则生成。早期的决策树算法存在支持数据量偏小、灵活性不强、类别过多，碎片类别多、树结构过深、噪声过拟合等问题。1986 年，Quinlan 提出 ID3 算法之后经过改进又提出 C4.5 算法，可以克服上述大部分问题。为了适应处理大规模数据集的需要，后来又提出了若干改进的算法，其中 SLIQ（supervised learning in quest）和 SPRINT（scalable parallelizable induction of decision trees）是比较有代表性的两个算法。

第二步：利用生成完毕的决策树对输入数据进行分类。对输入的记录，从根结点依次测试记录的属性值，直至到达某个叶结点，从而找到该记录所在的类。

与其他分类算法相比，决策树有如下优点：

①速度快　计算量相对较小，且容易转化成分类规则。只要沿着树根向下一直走到叶，沿途的分裂条件就能够唯一确定一条分类的谓词。

②准确性高　挖掘出的分类规则准确性高，便于理解，决策树可以清晰地显示哪些字段比较重要。

3.2.5　随机森林

随机森林(Random Forest，RF)是用随机的方式建立一个森林，森林里面有很多的决策树组成，随机森林的每一棵决策树之间是没有关联的(图3-14)。在得到森林之后，当有一个新的输入样本进入的时候，就让森林中的每一棵决策树分别进行判断，看这个样本应该属于哪一类(对于分类算法)，然后再看哪一类被选择最多，就预测这个样本为哪一类。

简单地描述，随机森林方法是一个包含多个决策树的分类器，并且其输出的类别是由个别树输出的类别的众数而定。随机森林是一种比较新的机器学习模型，在运算量没有显著提高的前提下提高了预测精度。随机森林对多元共线性不敏感，结果对缺失数据和非平衡的数据比较稳健，是当前较好的分类算法之一。

随机性主要体现在两个方面：训练每棵树时，从全部训练样本中选取一个子集进行训练(即bootstrap取样)，用剩余的数据进行评测，评估其误差；在每个节点，随机选取所有特征的一个子集，用来计算最佳分割方式。

随机森林的主要优点：①在大的、高维数据训练时，不容易出现过拟合而且速度较快；②测试时速度很快；③对训练数据中的噪声和错误稳定性增强。

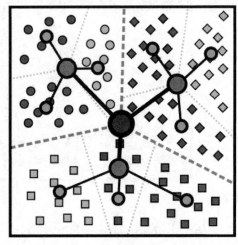

图3-14　随机森林结构示意
(虚线表示分割不同类别的决策规则，不同颜色表示不同的分类结果，黑色线条表示不同的决策树分支)

3.2.6　支持向量机

支持向量机(Support Vector Machine，SVM)是Cortes和Vapnik于1995年首先提出的，是建立在统计学习理论(Statistical Learning Theory，SLT)基础上的一种监督式自学习的方法，可广泛地应用于统计分类以及回归分析。它在解决小样本、非线性及高维模式识别中表现出许多特有的优势，被广泛用于文本分类、手写字体识别和化合物分类等。

基本思想是构造一个或者多个超平面，使得各类样本距离该平面都最远，实现最佳分类。例如，在二维空间中，如果两类具有聚集效应，总可以在两类之间找到一条线，使得分类效果最佳。按照SVM的思想，先找两类之间最大的空白间隔，然后在空白间隔的中点画一条线，这条线平行于空白间隔，即为选定的超平面，支持向量就是该超平面上的点。在高维空间中，可以通过"核函数"，将复杂的非线性分类问题，转换为高维空间中变成类似二维的线性分类问题。因此，核函数是SVM成功的关键。

由于SVM具有良好的分类性能和抗噪声能力，因此，也被引入到遥感图像分类中。

相比 ANN，SVM 学习速度、自适应能力和特征空间维数更快更灵活，因此，更适用于复杂高维数据分析处理。以 ENVI 软件为例，其分类应用基本步骤包括：

第一步，打开遥感图像；第二步，使用 ROI Tool 对话框工具选择若干类训练样本（像素）；第三步，执行 SVM（主菜单 – > Classification – > Supervised – > Support Vector Machine）即可。

最关键的是 SVM 参数设置面板中的参数，含义分别如下：

①核函数类型（Kernel Type）　选项有 Linear，Polynomial，Radial Basis Function 以及 Sigmoid。Polynomial 为多项式函数，需要设置一个核心多项式（Degree of Kernel Polynomial）的次数用于 SVM，最小值是 1，最大值是 6。如果选择 Polynomial or Sigmoid，使用向量机规则需要为 Kernel 指定 the Bias，默认值是 1。如果选择是 Polynomial，Radial Basis Function，Sigmoid，需要设置 Gamma in Kernel Function 参数。这个值是一个大于零的浮点型数据（图 3-15）。默认值是输入图像波段数的倒数。

②惩罚参数（Penalty Parameter）　是一个大于零的浮点型数据。这个参数控制了样本错误与分类刚性延伸之间的平衡，默认值是 100。

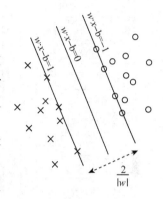

图 3-15　支持向量机在二维空间下的示意

③金字塔级别（Pyramid Levels）　用于设置分级处理等级，用于 SVM 训练和分类处理过程。如果这个值为 0，将以原始分辨率处理；最大值随着图像的大小而改变。

④金字塔再分类阈值［Pyramid Reclassification Threshold（0 ~ 1）］　当 Pyramid Levels 值大于 0 时需要设置这个重分类阈值。

⑤分类设置概率域值（Classification Probability Threshold）　如果一个像素计算得到所有的规则概率小于该值，该像素将不被分类，范围是 0 ~ 1，默认是 0。

需要说明的是，本节提到的 ANN、决策树、SVM、随机森林等方法不仅可以用于图像分类，也是数据挖掘的通用方法，在林业非空间信息提取中经常用到。

3.2.7　图像纹理

除了光谱信息，图像纹理信息是遥感图像的另外一类重要信息，已被广泛应用于遥感影像的分类、分割和基于内容的检索中。近年来，随着高空间分辨率卫星遥感影像的不断出现，对纹理信息提取及其定量分析研究提出了更高的要求。在高空间分辨率遥感影像中，地物的结构、形状和纹理信息表现得更加清楚和丰富，因此，纹理分析对于高空间分辨率影像分类精度提高有着显著的作用。比如通过计算各类纹理指数或者空间统计指数，作为新的波段，可以在光谱基础上增加信息量，提高分类和反演的精度。纹理特征提取方法主要包括：统计纹理分析方法、结构纹理分析方法、模型以及基于数学变换的纹理分析方法（图 3-16）。

下面介绍遥感中最为常用的纹理指标，包括灰度共生矩阵方法、小波指数、分形指数和空间统计方法。

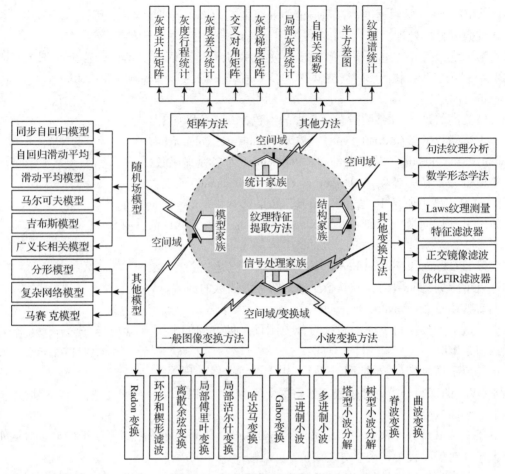

图 3-16　遥感常用纹理提取方法

（1）灰度共生矩阵方法

灰度共生矩阵是对图像上保持某距离的任意两像素点对分别具有某灰度的状况的统计。取图像($N×N$)中任意一点(x,y)及偏离它的另一点$(x+a,y+b)$，设该点对的灰度值为(g_1,g_2)。设灰度值的级数为k，则(g_1,g_2)的组合共有k^2。对于整个图像，统计出每一种(g_1,g_2)值出现的次数，然后排列成一个方阵，再用(g_1,g_2)出现的总次数将它们归一化为出现的概率$P(g_1,g_2)$，这样的方阵称为灰度共生矩阵。

$$P(g_1,g_2)=\frac{p(g_1,g_2)}{R},\ R=\begin{cases}N(N-1),\ \theta=0\ 或\ \theta=90\\(N-1)^2,\ \theta=45\ 或\ \theta=135\end{cases} \tag{3-7}$$

距离差分值(a,b)取不同的数值组合，可以得到不同情况下的联合概率矩阵。(a,b)取值要根据纹理周期分布的特性来选择，对于较细的纹理，选取$(1,0)$、$(1,1)$、$(2,0)$等小的差分值。

当$a=1$，$b=0$时，像素对是水平的，即0°扫描；当$a=0$，$b=1$时，像素对是垂直的，即90°扫描；当$a=1$，$b=1$时，像素对是右对角线的，即45°扫描；当$a=-1$，$b=1$时，像素对是左对角线，即135°扫描。

这样，两个像素灰度级同时发生的概率，就将 (x, y) 的空间坐标转化为"灰度对"(g_1, g_2) 的描述，形成了灰度共生矩阵。通常可以用一些标量来表征灰度共生矩阵的特征。比如，令 G 表示灰度共生矩阵常用的特征，计算图像信息熵（entropy）：

$$ENT = -\sum_{j=1}^{k}\sum_{j=1}^{k}P(i,j)\log[P(i,j)] \tag{3-8}$$

若灰度共生矩阵值分布均匀，即图像近于随机或噪声很大，熵会有较大值。

（2）基于小波变换的纹理信息提取方法

小波就是小区域的波，其母函数（φ）的长度有限，均值为 0。母函数可以经过若干平移和缩放后获得一组小波基函数。

$$\{\varphi_{b,a}(x)\} = a^{-\frac{1}{2}}\varphi\left(\frac{x-b}{a}\right), \ (b, a \in \mathbf{R})$$

式中，a 为尺度参数；b 为位置参数。小波变换是时间和频率的局域变换，它具有多分辨率分析的特点，而且在时域频域都具有表征信号局部特征的能力。一个信号 $f(x)$ 在尺度 $a \in \mathbf{R}^+$，$a \neq 0$ 和位置 $b \in \mathbf{R}^+$ 上的连续小波变换（Continuous Wavelet Transform, CWT）定义为：

$$\mathrm{CWT}_f(b,a) = \int_{-\infty}^{\infty}f(x)\varphi_{b,a}\mathrm{d}x = a^{-\frac{1}{2}}\int_{-\infty}^{\infty}f(x)\varphi\left(\frac{b-x}{a}\right)\mathrm{d}x = <f(x), \varphi_{b,a}(x)>$$

式中，$<, >$ 表示内积。

小波函数 $\psi(x)$ 是由尺度函数 $\varphi(x)$ 的伸缩和平移的线性组合生成的，而尺度函数 $\varphi(x)$ 本身满足两尺度差分方程，即某一尺度上的尺度函数可从其自身在下一尺度上的线性组合得出。它们满足如下的两尺度关系方程：

$$\begin{aligned}\varphi(x) &= \sqrt{2}\sum_k h(k)\varphi(2x-k) \\ \psi(x) &= \sqrt{2}\sum_k g(k)\varphi(2x-k)\end{aligned} \tag{3-9}$$

式中，h 为低通滤波器；g 为高通滤波器；h 和 g 为正交镜像滤波器。存在如下关系：$g(k) = (-1)^k h(1-k)$。

对于二维小波变换，小波基函数和尺度函数可由一维小波函数 $\psi(x)$ 和尺度函数 $\varphi(x)$ 的矢量积得：

$$\begin{cases}\varphi(x, y) = \varphi(x)\varphi(y) \\ \varphi^1(x, y) = \varphi(x)\psi(y) \\ \varphi^2(x, y) = \psi(x)\varphi(y) \\ \varphi^3(x, y) = \psi(x)\psi(y)\end{cases} \tag{3-10}$$

$\varphi(x, y)$ 是二维尺度函数，$\varphi^1(x, y)$、$\varphi^2(x, y)$ 和 $\varphi^3(x, y)$ 分别为 3 个二维小波函数。在 2^j 分辨率下，图像信号 $f(x, y)$ 的逼近 $A_{2^j}^d f$ 可以表示为内积关系 $A_{2^j}^d f = (<f(x, y), \varphi_{2^j}(x-2^{-j}n)\varphi_{2^j}(y-2^{-j}m)>)$，$(m, n) \in \mathbf{Z}^2$，在不同分辨率 2^{j+1} 与 2^j 下，二维图像的逼近 $A_{2^{j+1}}^d f$ 和 $A_{2^j}^d f$ 的信息是不等的，这一不同分辨率下逼近的差别信号由细节信号 D_{2^j} 来表示，细节信号可由三幅细节图像 $D_{2^j}^1$、$D_{2^j}^2$ 和 $D_{2^j}^3$ 来表示。

$$D_{2^j}^1 f = (<f(x, y), \varphi_{2^j}^1(x - 2^{-j}n, y - 2^{-j}m) >), \quad (m, n) \in \mathbf{Z}^2$$

$$D_{2^j}^2 f = (<f(x, y), \varphi_{2^j}^2(x - 2^{-j}n, y - 2^{-j}m) >), \quad (m, n) \in \mathbf{Z}^2$$

$$D_{2^j}^3 f = (<f(x, y), \varphi_{2^j}^3(x - 2^{-j}n, y - 2^{-j}m) >), \quad (m, n) \in \mathbf{Z}^2$$

对于二维小波分解，图像 f 可完全由下列 7 个离散图像表示 ($A_{2^{-2}}^d f$, $D_{2^{-1}}^1 f$, $D_{2^{-2}}^1 f$, $D_{2^{-1}}^2 f$, $D_{2^{-2}}^2 f$, $D_{2^{-1}}^3 f$, $D_{2^{-2}}^3 f$)（图 3-17）。

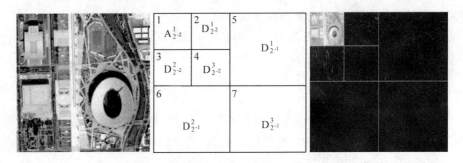

图 3-17　鸟巢卫星图像的二维小波分解示意

现代林业信息技术

统计描述的纹理分析方法（如灰度共生矩阵）虽然在遥感图像分类中应用广泛，但空间关系仅集中在同一尺度上。事实上，纹理的多尺度特性是客观存在的，基于多尺度的纹理分析方法也引起人们的极大兴趣，如小波变换、分形理论等。其中以基于小波的多尺度分析法最引人注目。基于小波的纹理分析方法的基本思想是利用小波对图像进行多尺度分解，然后在每个尺度上独立地提取特征，进而对其进行组合，形成一个特征向量，最后对纹理图像进行分类，这些方法的区别仅在于提取特征时，所提取的方式和数量不同。

（3）基于分形的纹理信息提取方法

对于纹理图像分析而言，分形维数可以很好地表征纹理的粗糙程度，并且对尺度的变化不敏感。所以，分形维数常常被用作描述遥感图像纹理的特征。遥感图像的分维值最常用的算法主要有以下几种：基于尺度变换求分维值的方法；用密度相关函数求分维值的方法；利用光谱密度求分维值的方法；基于表面积与体积的分形关系求分维值的方法；用分布函数求分维值的方法；用表征图像灰度抽面和自然形状的代表性模式分形布朗函数来计算分维值。

（4）空间统计指数

空间自相关分析是检验某一景观要素的观测值是否显著地与其相邻空间点上的观测值相关联。如果相邻两点上的值均高或均低，则称其为空间正相关，否则称为空间负相关。空间自相关分析在景观生态学中应用较多，现在已有多种指数可以使用，其中最主要的一个指数是 Moran 的 I 指数，公式为：

$$I = \frac{N \sum\limits_{j=1}^{N} \sum\limits_{i=1}^{N} W_{ij}(x_i - \bar{x})(x_j - \bar{x})}{\left(\sum\limits_{i=1}^{N} \sum\limits_{j=1}^{N} W_{ij} \right) \sum\limits_{i=1}^{N} (x_i - \bar{x})^2} \tag{3-11}$$

式中，x_i 和 x_j 分别为景观要素 x 在空间单元 i 和 j 中的观测值；$\bar{x}$ 为 x 的平均值；W_{ij} 为

相应权重;N 为空间单元总数。这里,I 指数与统计学中的相关系数接近,其值变化在 1 至 −1 之间。当 $I=0$ 时表示空间无关,当 I 大于 0 为正相关,而 I 小于 0 为负相关。

自相关系数可以与尺度结合起来,以分析不同尺度下的空间相关关系。这样的结果可以用尺度—自相关系数图表示,其可以直观地看出空间相关性随尺度的变化。

半方差图或称为半变量图是分析某一景观要素在空间的异质性,其公式为:

$$r(h) = \frac{1}{2N(h)} \sum_{i=1}^{N} \left[x(i) - x(i+h) \right]^2 \tag{3-12}$$

式中,$r(h)$ 为变异指数;h 为两点间的距离;$x(i)$ 和 $x(i+h)$ 分别为景观要素在空间两点 i 和 $i+h$ 上的观测值;$N(h)$ 为距离为 h 时的样本总对数。在取不同的 h 值时,可求得不同的变异指数,从而绘图得到半变量图,其可反映尺度变化与格局的关系。

3.2.8 图像分割

高空间分辨率影像具有丰富的纹理和阴影信息,像素大小通常远小于目标大小,但通常光谱信息较弱。因此,从高空间分辨率图像中提取信息的方法有别于传统光谱分析方法,需要进行像素分割与综合。目前主要采用人机交互和面向对象的图像分类等方法,人机交互精度最高,但是依赖作业人员经验;面向对象的图像分类自动化程度较高,但是需要人工参与制订较为复杂的规则。

高分影像的分割方法非常多,总体上可以分为基于像元的分割方法(阈值法、聚类法)、基于边缘检测的分割方法、基于区域的分割方法和基于物理模型的分割方法。

(1)基于像元的分割方法

基于像元的分割方法最简单,主要基于图像的直方图分布进行简单分割或者聚类。

(2)基于边缘检测的方法

基于边缘检测的方法主要利用像元特征在区域边界处的不连续性来寻找边缘点,并跟踪连接边缘点达到分割图像的目的。这两种方法简便易行,但是抗噪声能力差。

(3)基于区域的方法

基于区域的方法具备面向对象的特征,能够利用区域内像素特征的相似性来分割图像,可以分为区域种子增长法和区域分裂与合并两种方法。区域增长方法从若干种子点或种子区域出发,基于相似性准则合并邻域像元,形成若干区域完成分割。区域增长相关的核心问题是种子点的选择和相似准则的确定。区域分裂方法正好相反,从整幅图像出发,根据像素差异程度不断分裂为若干子区域,完成分割。基于区域的方法具有抗噪能力强,得到的区域形状紧凑,无须事先声明类别数目,容易扩展到多波段等优点。

(4)基于物理模型的分割

基于物理模型的分割是指考虑遥感成像过程的光传输机理,通过识别阴影、光斑和描述地物表面的朝向等信息,从而获得精确的分割边界。高分影像由于其细节信息表现能力突出,使得细小目标、地物的纹理和阴影、光斑等干扰因素的影响愈加突出,并且由于同类地物甚至同一地物的光谱响应变异随着空间分辨率的提高而增加,高分影像上"同物异谱""异物同谱"的现象非常普遍,给相关地物目标的分割带来了极大的难度。尽管限制条件较多,比如对光照条件要求高,成像物体表面的反射特性已知、易于建模等，基于物理模型的分割有望解决遥感影像中的"同物异谱""异物同谱"现象，是一个值得重视的研究方向。

结合特定数学理论和技术的影像分割如数学形态学、模糊技术、小波变换、神经网络等，可认为是在前述分割方法上的进一步推广和发展。

数学形态学是一种分析几何形状和结构的数学方法，由一组代数算子(腐蚀、膨胀、开、闭)组成。由于其具有完备的数学基础，已逐渐成为分析图像几何特征的有力工具，但该方法一般适用于单波段图像处理，在此需扩展到多波段遥感图像处理。模糊技术提供了一种有效解决图像分割中不确定性的新机制，主要包括模糊算子、模糊集、模糊逻辑、模糊测度等。其利用隶属度函数来判断每个像素的归属问题，避免了过早做出像素归属的判定，为下一级的处理保留更多的信息，以便得出更好的分割结果，但隶属度函数及成员的确定比较麻烦且算法复杂度相对较高。对于高分影像的分割而言，模糊技术的引入有着广阔的应用前景。

小波变换是一个新的数学分支，包括小波分解和小波重构。小波变换通过空间和频率的局域变换，以及伸缩和平移等运算对函数或信号进行多尺度的细化分析，最终达到高频处时间细分，低频处频率细分，从而为不同尺度上信号分解和多尺度分割提供了精确和统一的框架。

神经网络的非线性特性和并行特征，适合于解决聚类和分类等问题，因此，可以用于图像分割。不过 ANN 需要大量的训练样本集，训练时间过长，难以满足高分辨率遥感数据大数据量处理要求。

常用遥感软件如 Erdas 和 ENVI 都具有分割功能，但是还有一些专业的图像分割软件如易康(eCognition)，采用了面向对象的信息提取方法，充分利用了对象信息(色调、形状、纹理、层次)和类间信息(与邻近对象、子对象、父对象的相关特征)，在专业应用上更为广泛。

3.2.9　案例分析

【例 3.3】基于知识规则提取红树林

红树林是生长在热带和亚热带沿海滩涂上特有的植被，是海岸带生态系统的重要屏障。通过遥感提取红树林的面积及其动态变化对于快速掌握海岸带资源情况有重要意义。本案例基于 Landsat TM 图像，应用 ENVI 软件决策树功能，提取出红树林空间分布(Hyde, *et al.*, 2005)。

红树林混合了植被和水的光谱特点(图 3-18)，可以考虑利用缨帽(K-T)变换分离出湿度波段和绿度波段。然后应用聚类或者判别分析方法，提取出一些规则，分类处理流程如图 3-19 所示。

应用 ENVI 软件按照流程图构建决策树对图像进行分类，然后实地进行抽样调查确认，可以计算精度评价分类。通常采用 Kappa 系数作为评价指标，Kappa 系数值越接近于 1，表示分类精度越高。

【例 3.4】应用遥感图像进行小班区划

小班是准确标示到图上的基本区划单位，是森林资源二类调查、统计和经营管理的

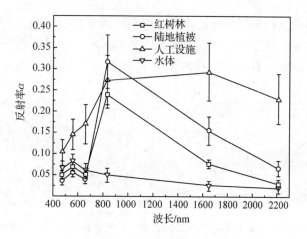

图 3-18　研究区典型地物光谱曲线图

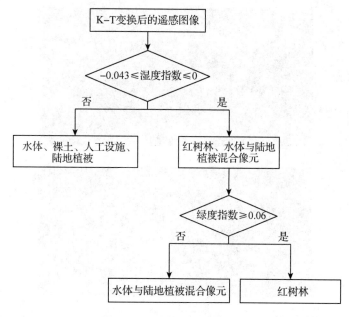

图 3-19　红树林分类处理流程

基本单位。小班划分宜采用自然区划方法。

　　传统的森林资源调查中，小班区划主要是在现地进行对坡勾绘或者实地调查。对坡勾绘存在较大的主观性，而且还存在遮挡问题；实地调查工作量大。高分辨率的卫星遥感图像(如 Quickbird、worldview)可提供丰富、可靠、高精度的基础数据。因此，应用遥感图像进行小班区划，能节约成本，提高效率和精度。下面以黑龙江小兴安岭伊春市东折棱河经营所的一个红松林母树林林班(图 3-20)为例，介绍应用图像进行小班区划的方法。

　　小班划分需要同时兼顾资源调查和经营管理的需要，需要考虑权属、林种、地类、起源、龄级、郁闭度等诸多条件。针对本研究区林班，小班划分主要考虑森林类型、树种组成、郁闭度和微地形。通过冬季和夏季的两幅 Quickbird 影像(图 3-21)可以看出，该林班在坡位、坡向和红松郁闭度上存在一定的空间变异性。因此，可以据此在图像上进行手工勾绘，效果见图 3-22（a）。根据此划分小班图，可以进一步到小班进行小班调查，最后进行确认制图。存档的林相图见图 3-22（b），可以看出划分的小班和历史划分图具有一定的一致性。

图 3-20　黑龙江小兴安岭伊春市东折棱河经营所的红松林母树林对坡观测林班效果示意

* 白色线条为林班线

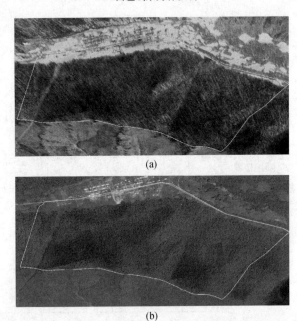

(a)

(b)

图 3-21　经营所林班在冬季和夏季的两幅 Quickbird 影像

（a）冬季 Quickbird 影像　（b）夏季 Quickbird 影像

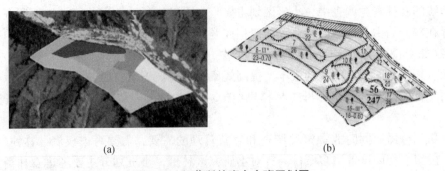

(a)　　　　　　　　　　　　　　　(b)

图 3-22　经营所林班在小班区划图

（a）基于图像分析结果　（b）林相图数据

3.3　激光雷达方法

激光雷达是一种主动遥感技术。相对于传统光学被动遥感提供的二维平面信息，激光雷达可以提供包含高度的三维数据，能够更加精确地提取森林冠层高度、覆盖度、叶面积指数和生物量等关键参数，为林业科学研究提供更多的信息量。激光雷达技术在提取森林三维结构具有先天优势，不过提取方法和 lidar 传感器类型有关。

①根据激光脉冲的孔径大小（类似于光学遥感的空间分辨率），分为大光斑（large footprint）和小光斑（small footprint）两种类型。一般来说，地面光斑直径大于1m，可视为大光斑。当前已有的大光斑传感器地面直径在 8～70m 之间，光斑在水平方向上可能存在一定间隔。

②根据回波连续程度，分为离散回波（discrete-return）和全波形（full-waveform）两种类型。激光回波记录包括当前回波时间和强度两种信息。根据回波时间，可换算为目标到传感器的距离或者高度。

③根据平台高度，分为星载（Spaceborne）、机载（Airborne）和地基（Ground-based）3 种类型。机载和地基平台较多，星载 lidar 仅有 ICESat GLAS，但是已经关闭。

尽管类型多样，但 lidar 的数据结构总可以分为 2 类：波形和点云。一个脉冲返回的波形连续，则可以开展波形分析。点云密度高，形成三维空间的密集采样，可开展点云分析。两种分析并不矛盾，相互补充，共同完成 lidar 信息提取。

3.3.1　波形分析

激光回波波形包含若干波峰和波谷（图 3-23）。每个波峰对应激光反射能量较多的目标，如地面、下层树冠和上层树冠。最后一个波峰表征地面。第一个非噪声回波位置为冠层顶部。两者距离相减即为冠层高。由于冠层平均高有多种定义（如优势木平均高、算数平均高、断面积平均高等），单一的冠层高不能满足要求。因此，根据波形累积能量曲线，可以得到不同百分比的高度。通常 25%、50%、75% 和 100% 处高度用得较多，记为 RH25、RH50、RH75 和 RH100 等。除此以外，植被波形部分的面积（The area under the waveform from vegetation，AWAV）可以反应森林冠层体积信息，也是一种常见指标。

波形还可以进一步挖掘利用：

①通过波形分解技术，将波形分离为若干高斯曲线。每个高斯曲线对应一种目标，其峰值代表目标强度信息，对称轴反映高度信息，标准差大小反映地表坡度或者植被目标长度信息。这些参数均可以提取为分析指标。

②将累积能量曲线均匀分为若干层，计算每层的透过率。假设每层都遵循比尔消光定律，则可以反演得到每层的叶面积指数（图 3-24）。多层叶面积指数及其累积分布曲线可以反映树冠的叶面积垂直分布（Tang, *et al.*, 2012），是评价林冠结构，估计野生动物栖息地分布的重要信息。

波形分析的精度会受很多因素影响，包括大气噪声、坡度和近红外波段多次散射等，如何克服这些问题是当前波形分析研究的热点。近年出现的波形小光斑雷达，点云

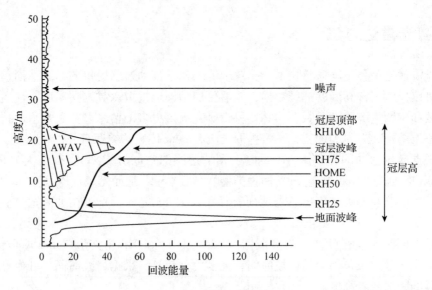

图 3-23　大光斑波示意

其中较粗的黑线为累积能量曲线，HOME（RH50）为总能量 50% 位置高度，RH25 和
RH75 分别为累积能量为 25% 和 75% 高度，AWAV 为植被波形下方面积。

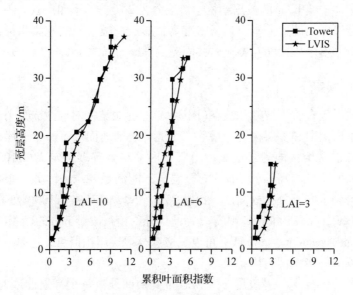

图 3-24　LVIS 大光斑 lidar 提取的累积叶面积指数廓线与观测塔
（Tower）观测数据比较示例（Tang，*et al.*，2012）

密度极高，并且每个脉冲都具有波形，有利于解决上述问题。图 3-25 给出了利用 Li-
temapper-5600 机载传感器获得数据实例，可以明显看出森林、建筑和玉米的波形差异
（Espindola，*et al.*，2006）。但是这种波形的数据量巨大，代价太大，应用尚少。

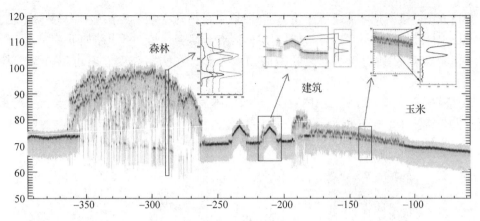

图 3-25　小光斑波形雷达测量数据实例(改自 Hug, *et al.*, 2004)

3.3.2　点云分析

点云是一系列三维点的集合，至少包含三维坐标、回波次数和强度信息，通常还可以包含次生信息，如分类和颜色。

(1)点云分析前的预处理

①滤波　利用最后回波(Last return)点滤波获得地面点。

②内插　利用得到的有限地表回波点内插获得数字高程模型(Digital Elevation Model, DEM)。

③CHM　所有点高程减去 DEM 高程获得冠层高程模型(Canopy Height Model, CHM)。

基于 CHM 的后续分析才能与森林参数相关，通常包括 3 种思路。

①将 CHM 转化为二维图像　通过内插 CHM 中的首次回波点(First return)可以得到类似于 DEM 的栅格图，并用于图像分割，获得单木坐标和冠幅图 3-26(a)和图 3-26(b)。

②将离散点云连续化　将点云划分为小立方体[图 3-26(c)]，根据点云密度分布，建立立方体之间的拓扑关系，实现树木分离和树枝重建；或者采用不规则三角网(TIN)将单个树冠轮廓重构出来，实现单木冠型提取[图 3-26(d)]。

③分层统计　将树冠点云划分为若干层，计算点云累积能量分布曲线，类似波形分析获得不同高度变量。

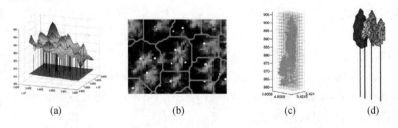

| (a) | (b) | (c) | (d) |

图 3-26　机载点云分析示意(改自 Yao, *et al.*, 2012)

(a) CHM　(b)二维树冠分割　(c)立方体分割　(d)不规则三角网重构

上述方法主要针对机载数据，信息量多集中在树冠上层，无法直接探测树干信息。地基 lidar 则相反，树干信息丰富，但上层树冠点云偏少，其分析思路如下：

①树干分离　利用树干和树叶回波强度差异，在胸径高度左右可以分离出树干点云。

②直径拟合　采用简单几何体假设（如圆柱体），从不同方位角对树干点云进行最佳拟合，可获得树干的位置和胸径信息（图 3-27）。

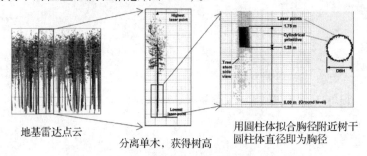

地基雷达点云　　　分离单木，获得树高　　　用圆柱体拟合胸径附近树干
圆柱体直径即为胸径

图 3-27　地基激光雷达提取树高和胸径实例
（改自 Hopkinson，*et al.*，2004）

③叶面积指数估计　类似冠层分析仪，可以通过方向孔隙率和比尔定律估算 *LAI*。如果冠层消光系数在观测天顶角为 57.5°时独立于叶片倾角，可以用这个方向的孔隙率 P_{gap} 来反演有效叶面积指数 *LAI*（Zhao，*et al.*，2011）：

$$LAI \approx -1.1 \log[P_{gap}(57.5°)]$$

3.3.3　森林参数预测

无论是波形分析，还是点云分析，都可以得到若干指标，但也仅仅是激光雷达度量（lidar metrics）。这些指标和森林参数必须有良好的相关关系才能推广应用。通过在野外建立实测样地，同时获得这些度量和森林参数（高度、生物量、密度、覆盖度等），就可以建立统计关系，从而进行预测，实现大面积森林参数的提取。森林参数预测通常采用多元统计分析。以德国某地区森林生物量预测为例，设定生物量为 *Y*，已知的激光雷达度量有 RH70、RH65、RH45 和 RH50，以及高度标准差 *SEM* 和高度范围 *HD*，通过多元线性回归可以建立 *Y* 和 *X* 的关系：

$$Y = -386.84 + 23.59 \times RH70 + 6.52 \times HD$$

通过逐步多元线性回归方法，可以实现若干变量的筛选和拟合，非常方便，应用广泛。不过，线性回归分析有假设限制，如样本必须服从正态分布，要去除共线性等。为克服假设限制，机器学习方法开始从遥感图像分类领域引入到 liar 回归统计，可更加灵活地用于预测。常见的机器学习方法包括随机森林（Random Forest）、支持向量回归（Support Vector Regression）和 Cubist 回归树（Regression Tree）等。这些回归算法在免费统计软件 R 中都可以找到对应的模块。

3.3.4　多源数据融合

Lidar 数据提供的度量，核心还是几何信息（主要是高度），且价格昂贵，测量区域

现代林业信息技术

较少，因此，单纯的 lidar 数据分析有其应用局限性。融合光学遥感的光谱信息和微波雷达的散射信息有助于提高森林参数提取的精度和广度。目前，常见的融合策略有：

①融合光学遥感数据提高森林结构参数提取精度。例如，利用光学遥感提供准确分类图，分离出森林植被，排除其他植被干扰；又如，利用高分辨率照片进行树冠分割，然后配合 lidar 数据计算单木树高。这些均能获得比单纯应用 lidar 的信息提取精度高的结果。

②利用光学遥感数据扩展 lidar 的有限覆盖区域，建立光学反射率和 lidar 提取参数（如高度）的关系，然后基于光学数据外推。Lidar 数据作为样本。

③融合 lidar 高度或者密度信息，参与多光谱图像分类，提高光学图像分类精度。

④融合 lidar 高度或者密度信息，参与高光谱指数反演，提高生理生化参数反演精度。

目前，多源数据融合的常用方法是分别提取不同数据源的某些指标变量，利用统计方法（如主成分分析、相关分析）进行变量降维或者筛选，然后与 lidar 度量一起统计预测森林参数。

3.4　微波遥感方法

微波能穿透云、雾、雨、雪，具有全天候工作的能力，同时对森林有穿透能力，有多种极化方式，有干涉效应，能够提供不同于可见光、近红外和红外等传统光谱遥感之外的其他信息，是光学遥感的重要补充，相辅相成。微波遥感分为雷达主动遥感和辐射计等被动遥感。由于被动微波分辨率非常低（10km 级别），林业中主要应用主动遥感，即侧视雷达遥感。

侧视成像雷达通过主动发射微波脉冲，接收目标物体对雷达波束的后向散射，根据回波强度成像。侧视成像的分辨率较低，一般在 100m 左右。为了进一步提高雷达图像分辨率，20 世纪 50 年代后期出现了合成孔径雷达（Synthetic Aperture Radar，SAR）。合成孔径技术的基本思想是用一个小天线沿一直线方向不断快速移动，利用多普勒频移现象"合成"一个更大的孔径，达到"增加天线长度"的效果，提高雷达图像的方位向（沿雷达飞行方向）分辨率。SAR 的分辨率得到了显著提高，目前分辨率达到 30m 以内，最高可以达到 1m 左右。新兴起的合成孔径雷达干涉测量（INSAR）技术也成为研究热点。

目前，雷达数据可供利用的信息有：后向散射系数、干涉相干系数、散射相位中心高度以及各种极化参数。

3.4.1　基于雷达后向散射系数估测森林生物量和类型

雷达的回波方向和入射方向刚好相反，所以称为后向散射。后向散射系数是雷达回波散射截面与雷达发射波截面的比值。由于平面电磁波存在横矢量（即极化或者偏振），总的后向散射系数还可以分解为 HH、VV、HV、VH 4 种极化分量。极化对散射体的形状和方向敏感。

生物量与雷达后向散射系数之间存在较好的相关关系。但是这种关系非常复杂，不同波长和极化的雷达波与森林各组分的相互作用机理不同。不同极化的后向散射分别来自于树的不同部位，因此，多通道 SAR 数据可以更好地反映生物量水平。不考虑内部复杂的作用机理，直接利用不同通道的后向散射系数作为自变量，生物量作为因变量，就可以建立逐步多元线性回归方程来估测生物量。

由于不同森林类型的雷达后向散射系数可能存在差别，雷达后向散射系数也可以用于森林类型的识别。

3.4.2 基于干涉相干系数的森林生物量反演

干涉雷达是基于雷达对同一区域采用不同视角成像得到的两幅雷达图像组合而建立的一门技术，主要利用了雷达信号的相位信息。它已广泛地应用于地形成图和地表形变探测，近几年来，它也被用作提取地表物理参数的一种重要的工具。雷达干涉主要对散射体的空间分布和高度敏感，因此，可以用于森林高度和垂直结构估测，进而推算生物量。基于干涉相干系数的反演精度和饱和点理论上优于后向散射系数。

然而，干涉测量受到时间去相干、几何去相干和大气不均匀性的影响，特别是大气的不均匀性叠加在雷达图像中，会大大降低对地形测量精度。一般来说，生物量越高，则散射体越多，散射的相位稳定性越差，从而时间去相干也越强。

3.4.3 基于极化干涉方法的森林平均高度反演

极化干涉雷达技术（Polarimetric Interferometric SAR，POL-InSAR）是一种将极化和干涉雷达技术集成为一体的技术。极化干涉雷达综合干涉和极化的优点，对有方向散射体的分布很敏感，可用于森林的高度参数。POL-InSAR 森林高度反演的核心是森林顶部的高程和森林底部的高程的获取，关键是能够区分森林顶部和森林底部散射差异的散射特征量的确定。POL-InSAR 森林高度反演技术是近十年遥感领域的热点。

POL-InSAR 同样也对森林类型敏感，可帮助区分出阔叶林、针叶林和混交林等 3 种森林类型。

3.5 图像融合方法

遥感图像融合是一种通过高级图像处理技术来复合多源遥感影像的技术，其目的是将单一传感器的多波段信息或多传感器所提供的信息加以综合，消除多传感器信息之间可能存在的冗余和矛盾，加以互补（肖奥等，2007）。根据融合层次不同，可以分为像元级融合、特征级融合和决策级融合。由于特征级融合需要与实际应用相结合，需要根据实际情况来对图像中包含的特征进行处理以达到融合的目的，其融合难度远远高于像素级融合。因此，目前对遥感图像的融合处理的有关研究工作还主要处于像素级层面。像素级图像融合方法主要有以下几种。

3.5.1 IHS 变换法

IHS 变换是基于 IHS 色彩模型的应用广泛的融合变换方法。IHS 色彩变换是将多光谱影像进行色彩变换，分离出明度 I、色度 H 和饱和度 S 共 3 个分量，然后将高分辨率全色影像（PAN）与分离的明度分量进行直方图匹配，使之与分量有相同的直方图，最后再将匹配后的 PAN 代替 I 分量，与分离的色度 H，饱和度 S 分量按照 IHS 逆变换得到空间分辨率提高的融合影像，即空间分辨率提高的多光谱影像。

IHS 变换是融合多源遥感数据最常用的方法，其特点是高频信息丰富，但光谱信息有丢失。基于 IHS 变换的图像融合可以实现不同分辨率的遥感图像之间的几何信息的叠加。输出的 RGB 图像的像元将与高分辨率数据的像元大小相同。

对于一幅 RGB 彩色格式的图像，每一个 RGB 像素的 H 分量可用下面的公式得到：

$$H = \begin{cases} \theta & B \leqslant G \\ 2\pi - \theta & B > G \end{cases} \qquad (3\text{-}13)$$

$$\theta = \cos^{-1}\left\{ \frac{\frac{1}{2}\left[(R-G) + (R-B) \right]}{\left[(R-G)^2 + (R-G)(G-B) \right]^{\frac{1}{2}}} \right\} \qquad (3\text{-}14)$$

饱和度分量由下式给出：

$$S = 1 - \frac{3}{(R+B+G)}\left[\min(R,G,B) \right] \qquad (3\text{-}15)$$

其逆变换的公式如式(3-16)~式(3-18)所示：

$$\begin{pmatrix} R \\ G \\ B \end{pmatrix} = \begin{pmatrix} 1 & -\frac{1}{\sqrt{2}} & \frac{1}{\sqrt{2}} \\ 1 & -\frac{1}{\sqrt{2}} & -\frac{1}{\sqrt{2}} \\ 1 & -\sqrt{2} & 0 \end{pmatrix} \begin{pmatrix} I \\ V_1 \\ V_2 \end{pmatrix} \qquad (3\text{-}16)$$

$$V_1 = S \cos H \qquad (3\text{-}17)$$

$$V_2 = S \sin H \qquad (3\text{-}18)$$

3.5.2 Brovey 变换

Brovey 变换融合也被称作色彩标准化（Color Normalized）融合，它是由美国学者 R. L. Brovey 建立的模型。Brovey 变换是一种用来对来自不同传感器的数据进行融合的较为简单的方法，该方法是通过归一化后的多光谱波段与高分辨率影像乘积来增强影像的信息。该方法实施起来比较简单，而且计算速度比较快，它不但保留了多光谱的光谱信息，而且将光谱信息融合到高分辨率影像当中。

Brovey 锐化方法对彩色图像和高分辨率数据进行数学合成，从而使图像锐化。彩色图像中的每一个波段都乘以高分辨率数据与彩色波段总和的比值。函数自动地用最近邻、双线性或三次卷积技术将 3 个彩色波段重采样到高分辨率像元尺寸。输出的 RGB 图像的像元将与高分辨率数据的像元大小相同。

Brovey 是一种常用于多光谱图像增强的比值变换融合方法。其变换融合的算法如下：

$$R = \frac{R_1}{R_1 + G_1 + B_1} \times I \qquad (3\text{-}19)$$

$$G = \frac{G_1}{R_1 + G_1 + B_1} \times I \qquad (3\text{-}20)$$

$$B = \frac{B_1}{R_1 + G_1 + B_1} \times I \qquad (3\text{-}21)$$

式中，R_1、G_1、B_1 为原始多光谱图像颜色分量；I 为高空间分辨率图像波段。

3.5.3 高通滤波变换法

高通滤波（HPF）常用于影像纹理和细节处理方面。影像的细节提取往往是通过高分辨率影像的高通滤波来实现的。高通滤波变换的目的是提高影像高频细节，突出影像线性特征和边缘信息。

高通滤波变换用下式定义：

$$HP_i = (W_a \times MSI_{iLP}) + (W_b + PAN_{iHP}) \qquad (3\text{-}22)$$

式中，W_a、W_b 为权，且 $W_a + W_b = 1.0$；MSI_{iLP} 为低分辨率多光谱影像 i 波段的低通滤波的结果；PAN_{iHP} 为高空间分辨率全色影像 PAN 进行高通滤波的结果；HP_i 为锐化了的输出影像。高通滤波消除了高分辨率影像中的低频噪声，且滤波的结果可以用于所有多光谱波段。

3.5.4 主成分变换法

主成分变换法又称为 K－L 变换融合法或 PCA 变换法，它在光谱分析中起到了降维作用（见 3.1.5），同时在图像数据压缩、变化监测、图像增强、图像融合等方面均是十分有效的。

将 PCA 法用于图像融合的基本思想是：首先对多光谱影像进行主成分变换，得到互不相关的新的影像，将高分辨率影像与第一主成分进行直方图匹配，使他们具有相同的均值和方差，然后用匹配后的高分辨率影像替换第一主成分，最后将替换后的主成分与其他成分一起进行逆变换，得到融合影像。高空间分辨率数据与高光谱分辨率数据通过融合得到的新的数据包含了原图像的高分辨率和高光谱分辨率的特征，保留了原图像的高频信息，使融合图像上目标细部特征更加清晰，光谱信息更加丰富。

3.5.5 小波变换融合法

小波变换可对多个波段的影像信息融合，既能充分利用高分辨率影像的空间信息，又能保持低分辨率影像的光谱信息的最大完整性，这也是当前遥感影像融合技术研究的主要目标。

基于小波变换的图像融合方法通常采用多分辨率分析（MRA）和 Mallat 快速算法，将原始图像利用小波变换分解成多层次的近似图像和细节图像，它们分别代表了图像的不同结构。LL 分量集中了原始图像主要低频成分，LH、HL、HH 分量分别对应着原图像垂直方向、水平方向和对角方向的高频边缘信息。通常的做法是对全色和多光谱图像进行小波分解，得到相应的分量，然后根据需要重新组合生成新的各个分量，最后进行小波反变换重建影像。

3.5.6　PANSHARP 融合方法

如前面所提到的遥感融合技术，如 IHS、PCA、HPF 等，它们多是在多光谱与其他全色影像的融合中发展起来的，却都普遍存在技术上的问题，即图像一旦经融合，其颜色便被扭曲，并且融合过程中，其最终效果对数据和操作人员的依赖性很强。基于这些缺点，PANSHARP 技术发展起来，它有效地解决了图像融合中的这两个问题。

新技术以像元为基础，在最初的全色、高分辨率图像与融合后的图像之间的灰度值上寻求到了最好的近似，其统计数值接近被适用于标准化、自动化融合过程的融合结果，而且在融合过程中无需颜色调整和人工的交互作用，换句话说，操作员仅仅需要输入最初的全色、高分辨率原始图像，然后即可得到融合结果。

3.5.7　各类融合优缺点对比

IHS 变换方法简单，易于实现，但融合得到的多光谱影像灰度值同原多光谱影像有较大差异，即光谱特征被扭曲，只能说基本上保持了多光谱影像色调。

PCA 变换法对光谱特征的扭曲小于 IHS 变换法，而其各波段光谱信息则唯一地映射在各分量上。PCA 变换法能够同时与多光谱影像的所有波段融合，所以能较好地保持光谱特征。

Brovey 变换融合几乎完全保持了原始影像的色调信息，对于山地、水体、植被一类地物表现非常明显。

HPF 变换法对光谱特征的扭曲比 PCA 和 IHS 变换法都小，且有较好的空间分辨率。对于建筑区，尤其是城市中心地带的纹理信息表现很清晰，交通和水体的边缘规则也清晰。但在突出高频信息的同时，部分低频信息或某些重要的信息会受到压制，使整体影像的结构比较细碎。在色彩表现上，高通滤波变换的结果一般。

小波变换法融合影像既具有原高空间分辨率影像的结构信息，又最大限度地保留了原多光谱影像的亮度与反差，防止影像信息的丢失。融合后图像更好地反映了图像的细节特征，对植被、河流、城镇的解译能力有了很大的改善，提高了多光谱影像的分类精度和量测能力。

PANSHARP 克服了以上这些融合方法的缺点，它有效地解决了图像融合中的颜色扭曲这个问题。用这种技术融合后的图像颜色几乎与最初的原始图像一样，而且全色图像中间的细节也完全进入了被融合的图像中。

3.5.8　图像融合结果评价指标

图像融合结果的评价分为主观评价和客观评价，主观评价是通过目视进行分析，客观评价就是利用图像的统计参数进行判定。

主观融合效果评定法由判读人员来直接对图像信息进行评估，是最简单、最常用的方法，通过它对图像上的田地边界、道路、居民的轮廓、机场跑道边缘的比较，可直观地得到图像在空间分解力、清晰度等方面的差异。由于人眼对色彩具有强烈的感知能力，使得对光谱特征的评价是任何其他方法所无法比拟的。但是，这种方法的主观性比较强，图像的视觉质量因观察者不同而可能有差异，具有主观性、不全面性。

客观评价可以避免人为条件影响，主要从以下几个方面进行。

(1)计算量

计算量决定融合方法是否高效。在某些应用领域对时效性有较高要求，如在导弹制导方面，速度要求很快；而在另一些领域，如长期土地监测要求不是很高，所以选择融合方法考虑应用背景，结合方法的实时性来选择。一般像素级融合计算量最大，特征级融合、决策级融合计算量小。

(2)预期的效果和精度

预期效果包括预期精度、对比度等。它与后面的图像融合效果评价不同，它主要从理论上和经验上预测，而图像融合效果评价是对融合后的图像进行判断，一般精度随着像素级融合、特征级融合、决策级融合逐渐降低。

(3)开放性和可扩充性

现在所有的科学方法对开放性和可扩充性都有很高的要求，这是因为现代技术要靠一个人来完成是不可能的，大多是许多人合作的结果，所以要求融合方法具有开放性。现代科技发展速度很快，如果一种方法不具有可扩充性很快就会被淘汰。

(4)抗干扰能力和容错性

遥感图像噪声大，而且地物信息丰富，如何减少噪声干扰是图像融合方法研究的重要方面，一般决策级融合抗干扰能力和容错性较高，而像素级融合抗干扰能力和容错性较低。

单个图像的统计特征通常包括信息熵、图像均值和梯度等。也可以根据融合后图像与标准参考图像之间的关系进行评价（如均方根误差和信噪比），或者根据融合后图像与源图像之间的关系进行评价（如交叉熵和偏差）。

总之，融合的目的要么是消除噪声，要么是提高分辨率、增加信息量、增强清晰度和配准效果。

3.6 变化检测和多时相分析

变化检测是从不同时期的遥感数据中定量分析和确定地表变化的特征与过程，可以用于更新地理数据、评估和预测灾害发展趋势，监测土地覆盖、利用，验证新一代智能型对地观测卫星等。

主要方法有面向像素检测、面向特征变化检测和面向对象变化检测。

①面向像素检测 一般流程是先获得两幅同一个地点但不同时相图像的差异图像，再对差异图像或者比值图像进行处理，将像素点分成变化和无变化两类。

②面向特征变化检测 首先提取特征信息，然后进行比较，常见的特征包括：灰度特征、纹理特征、几何特征、颜色特征和空间关系特征等。

③面向对象变化检测 该方法不仅利用了光谱特征，也利用了形状信息，将形状和

光谱相似的像素组成一个区域，并作为一个影像对象进行分析。该方法在高空间分辨率图像变化分析上较有优势。较为简单的方法是选择一个窗口（如 3×3），计算两个图像之间的相关系数、斜率和截距，如果相关系数和斜率都接近 1，截距为 0，说明没有变化；反之，存在不同程度的变化。

充分利用遥感的重复访问特性，可以开展时序分析。以美国地球观测卫星 MODIS 数据为例，该卫星每天可以过境 2 次，可以建立较为连续的时间序列数据。美国国家航空航天局 Stennis 空间中心利用 MODIS 时序产品工具（Time Series Product Tool，TSPT）和物候分析工具（Phenological Parameters Estimation Tool，PPET），以 NDVI 产品为主，开展森林生长期估计和危害早期预警，包括火灾、龙卷风、飓风、雨雪冰冻灾害，以及舞毒蛾、松毛虫等干扰。

3.7　森林参数定量反演

3.7.1　森林参数定量反演模型

森林参数提取模型分为统计模型、物理模型和半经验模型 3 种。统计模型，也就是经验模型，基于地表变量，尤其是森林参数和遥感数据的相关关系，对一系列的观测数据做经验性的统计描述或者进行相关性分析，构建遥感参数与地面观测数据之间的线性回归方程。物理模型的模型参数具有明确的物理意义，并试图对作用机理进行数学描述。介于两者之间的半经验模型综合考虑经验数据和物理过程，其参数往往是经验参数，但有一定物理意义，所以具备上述 2 种模型的优点，较大程度地回避了缺点。三种模型的比较见表 3-2。

表 3-2　三种模型对比

类型	优　点	缺　点
统计模型	参数少；容易建立且可以有效概括从局部区域获取的数据，简便，实用性强	有地域局限性，可移植性差；理论基础不完备，缺乏对物理机理的足够理解和认识，参数之间缺乏逻辑关系
物理模型	精度高；地域限制少；理论基础较完备；可移植性强	参数多，获取困难；模型复杂，通常为非线性，实用性较差；先验假设较多
半经验模型	兼具统计模型和物理模型的优点	经验参数较难确定

反演与建模是两个方向正好相反的问题，建模是指就某种物理过程，建立与之对应的数学方程或方程组的正向推演问题；而反演就好比解方程或解方程组的反向求解问题。因此，反演就是基于模型知识基础上，依据有限调查数据反向求解未知参数的过程。要实现反演一般需要获得足够的信息量，数学语言可表达为独立方程数必须等于或大于未知参数数目。

3.7.2 案例分析

【例3.5】统计模型反演叶面积指数

叶面积指数(Leaf Area Index，LAI)是陆地表层生态系统最重要的结构参数之一，显著影响地表与大气之间的能量和物质交换，是森林生态系统模型中的重要参数之一。

某林场计划通过遥感反演林区 LAI 分布。现有陆地卫星图像 1 景，空间分辨率 30m，有红光和近红外波段。已经均匀布设了 30 个样地，大小 60m×60m，并采用 LAI 2000 对样地 LAI 进行多次实地测量，取平均值作为样地 LAI 真值。每个样地中心有 GPS 坐标信息，同时采集了树种、树高、胸径、郁闭度、坡度和坡向等信息。请说明如何才能实现林场反演林区 LAI 分布的目标。

解： 通过建立样地 LAI 和遥感图像发射率值之间的回归关系，即可构建正向统计模型。基于该模型实现从反射率到 LAI 的反演。主要步骤如下：

①遥感图像预处理　几何纠正→辐射定标(增益校正)→表观反射率(获得大气层顶反射率)→大气纠正(获得地表反射率)。

②植被指数(Vegetation Index，VI)　选择红外波段(NIR)和红光波段(R)，计算比值植被指数(SVI = NIR/R)或者归一化植被指数 NDVI = (NIR − R)/(NIR + R)。

③测定 LAI　根据 GPS 坐标，提取 30 个样地对应的 SVI 和测量的 LAI。

④绘制散点图　以 SVI 为横轴，LAI 为纵轴，绘制 30 个样地的二维散点图。

⑤统计回归　根据散点图的趋势，选择线性模型或者对数模型，拟合散点图。所得到的拟合模型就是反演模型。

⑥独立验证　额外实地调查 10 块样地，测量 LAI，并提取 SVI，代入反演模型，估计误差。如果精度满足要求，执行下一步。

⑦求得林区 LAI　对陆地卫星的 SVI 图像的所有像元均执行反演模型，得到林区的完整 LAI 分布。

【例3.6】物理模型反演叶绿素含量

叶绿素是植物光合作用的重要参与者，是森林健康的重要指标。某林场计划通过遥感估算辖区森林叶绿素含量，来评价森林长势和健康状况。尽管统计模型也能解决问题，但是林场范围较大，需要构建不同条件下的模型才能满足要求。因此，拟采用物理模型实现反演。应该如何开展反演工作呢？

解： 叶绿素反演一般需要高光谱图像才能满足要求。开展航空飞行观测精度较高，时相好控制，但是费用不菲。因此，首先考虑高光谱卫星数据：美国的 EO - 1 Hyperion 和欧洲的 CHRIS。解决问题的中心思想是结合叶片尺度辐射传输模型 PROSPECT 和冠层尺度辐射传输模型 SAIL，在不同 LAI 条件下模拟叶片和冠层光谱，建立叶绿素、LAI 和卫星图像反射率之间的对应关系，称为查找表(Look Up Table，LUT)，在 3.1.6.2 节有过介绍。主要步骤如下：

①预备工作　确定研究区，设定样地(约 30 块)。

②采集样本　在每块样地中，按照高中低三层，每层采集 5～10 个叶片，放入保温箱带回测量。

③测量叶面积指数　采集样本的同时，采用冠层分析仪或者 LAI 2000 测量样地叶面积指数。

④光谱测量　使用地物光谱仪在每块样地中抽样测量叶片的光谱，并架设高架塔，测量冠层光谱。

⑤实验室测量　将采集的叶片进行处理，化验测量叶绿素含量。

⑥物理模型正向模拟，建立查找表　按照一定步长，不断输入不同的叶绿素等生理生化参数和木质素等叶片结构参数，运行 PROSPECT 模型，可以模拟得到一系列的叶片光谱；在此基础上，输入不同的 LAI，运行 SAIL 模型，可以获得一系列的冠层光谱。将冠层光谱反射率和 LAI、叶绿素对应编制为一个表格，即为查找表。

⑦图像处理和参数反演　对图像进行几何纠正、辐射定标和大气纠正后获得冠层反射率，并通过统计模型估计 LAI。对每个像素而言，其反射率和 LAI，在查找表中总可以找到与其最匹配的叶绿素值，该值就是叶绿素反演值。

上述两个案例分别阐述了统计模型和物理模型的应用方法，具有通用性。当前应用较多的还有生物量反演。

▶▶▶▶▶▶▶▶▶▶▶▶▶▶▶▶▶▶▶▶ 思考题 ◀◀◀◀◀◀◀◀◀◀◀◀◀◀◀◀◀◀◀◀◀

1. 了解几种常见地物的反射光谱特性，尤其是植被反射光谱特征。
2. 了解光谱分析的方法，并查询资料尝试使用 ENVI 进行处理。
3. 掌握监督分类和非监督分类的方法及区别。
4. 了解人工神经网络、决策树和专家知识分类的方法。
5. 激光雷达方法如何提取森林三维结构，有哪些方法？
6. 试对比微波遥感的几类方法原理。
7. 叙述遥感图像融合的方法及优缺点。
8. 从时相特征上分析遥感比常规方法观测地面信息的优点。
9. 森林参数定量反演模型有哪几种？对比其优缺点。

▶▶▶▶▶▶▶▶▶▶▶▶▶▶▶▶▶▶▶▶▶▶▶ 参考文献 ◀◀◀◀◀◀◀◀◀◀◀◀◀◀◀◀◀◀◀◀◀◀◀◀◀

蔡博峰，绍霞 . 2007. 基于 PROSPECT + SAIL 模型的遥感叶面积指数反演［J］. 国土资源遥感，02：39 - 43.

陈斌，邹贤勇，朱文静 . 2008. PCA 结合马氏距离法剔除近红外异常样品［J］. 江苏大学学报，29（4）：277 - 292.

崔廷伟，张杰，马毅，等 . 2003. 互相关光谱匹配方法在赤潮优势种类识别中的应用研究［A］. 第十四届全国遥感技术学术交流会论文摘要集［C］.

甘甫平，王润生，马蔼乃，等 . 2003. 基于光谱匹配滤波的蚀变信息提取［J］. 中国图像图形学报，02：29 - 32，124.

张雪红 . 2011. 基于知识与规则的红树林遥感信息提取［J］. 南京信息工程大学学报（自然科学版），3（4）：341 - 345.

李海洋，范文义，于颖，等 . 2011. 基于 Prospect，Liberty 和 Geosail 模型的森林叶面积指数的反演［J］. 林业科学，09：75 - 81.

李淑敏，李红，孙丹峰，等 . 2009. PROSAIL 冠层光谱模型遥感反演区域叶面积指数［J］. 光谱学与光谱分析，10：2725－2729.

梁顺林，等．2009. 定量遥感[M]. 北京：科学出版社.

刘伟．2008. 基于光谱特征分析的匹配与分类技术研究[D]. 解放军信息工程大学.

梅安新，等．2001. 遥感导论[M]. 北京：高等教育出版社.

汤国安，等．2004. 遥感数字图像处理[M]. 北京：科学出版社.

唐世浩，朱启疆，李小文，等．2003. 高光谱与多角度数据联合进行混合像元分解研究[J]. 遥感学报，03：182－189.

肖奥，陶舒，王晓爽，等．2007. 遥感融合方法分析与评价[J]. 首都师范大学学报(自然科学版)，04：77－80.

章毓晋．1999. 图像处理与分析[M]. 北京：清华大学出版社.

赵英时，等．2003. 遥感应用分析原理与方法[M]. 北京：科学出版社.

郑兰芬，王晋年．1992. 成像光谱遥感技术及其图像光谱信息提取的分析研究[J]. 环境遥感，01：49－58，84.

Arnaubec A, Roueff A, Dubois-Fernandez P C, et al.. 2014. Vegetation height estimation precision with compact polinsar and homogeneous random volume over ground model[J]. Ieee Transactions On Geoscience And Remote Sensing, 52, 1879－1891.

Breiman, Leo. 2001. "Random Forests"[J]. Machine Learning, 45 (1), 5－32.

Cheng H D, Jiang X H, Sun Y. et al.. 2001. Color image segmentation: advances and prospects[J]. Pattern Recognition, 34(12)：2259－2281.

Christopher J C. Burges. 1998. "A Tutorial on Support Vector Machines for Pattern Recognition"[J]. Data Mining and Knowledge Discovery 2：121－167.

Chu Heng, Zhu Weile. 2008. "Fu sion of Ikonos Satellite Imagery Using IHS Transform and Local Variation"[J]. IEEE GEOSCIENCE AND REMOTE SENSING LETTERS, 5(4)：653－657.

Corcoran J, Knight J, Brisco B, et al.. 2011. The integration of optical, topographic, and radar data for wetland mapping in northern minnesota[J]. Canadian Journal Of Remote Sensing, 37, 564－582.

Corinna Cortes, Vapnik V. 1995. Support-Vector Networks[J]. Machine Learning, 20.

Deschamps B, McNairn H, Shang J, et al.. 2012. Towards operational radar-only crop type classification: Comparison of a traditional decision tree with a random forest classifier[J]. Canadian Journal Of Remote Sensing, 38, 60－68.

Garía-Feced C, Tempel D J, Kelly M. 2011. Lidar as a tool to characterize wildlife habitat: California spotted owl nesting habitat as an example [J]. Journal of Forestry, 109 (8)：436－443.

Garestier F, Dubois-Fernandez P, Dupuis X, et al.. 2006. Polinsar analysis of x-band data over vegetated and urban areas[J]. Ieee Transactions On Geoscience And Remote Sensing, 44, 356－364.

Ghosh A, Joshi P. 2013. Assessment of pan-sharpened very high-resolution WorldView-2 images[J]. Int. J. Remote Sens, 34, 8336－8359.

Espindola G M, Camara G, et al.. 2006. Parameter selection for region-growing image segmentation algorithms using spatial autocorrelation[J]. International Journal of Remote Sensing, 27(14)：3035－3040.

Green P E, Caroll J D. 1978. Mathematical tools for applied multivariate analysis[M]. Academic Press.

Hecker C, et al.. 2008. Assessing the influence of reference spectra on synthetic SAM classification results[J]. IEEE Transactions on Geoscience and Remote Sensing.

Hopkinson C, Chasmer L, Young-pow C, et al.. 2004. Assessing forest metrics with a ground-based scanning lidar[J]. Canadian Journal of Forest Research-Revue Canadienne De Recherche Forestiere, 34 (3)：

573 – 583.

Huang S, Hager S A, Halligan K Q, *et al.*. 2009. A comparison of individual tree and forest plot height derived from lidar and insar[J]. Photogrammetric Engineering And Remote Sensing, 75, 159 – 167.

Hug C, Ullrich A, Grimm A. 2004. Litemapper-5600 – a waveform-digitizing lidar terrain and vegetation mapping system [C] //Proceeding of Natscan. Freiburg: ISPRS, 24 – 29.

Hyde P, Dubayah R, Peterson B, *et al.*. 2005. Mapping forest structure for wildlife habitat analysis using waveform lidar: Validation of montane ecosystems [J]. Remote Sensing of Environment, 96(3): 427 – 437.

Li G, Lu D, Moran E, *et al.*. 2012. A comparative analysis of alos palsar l-band and radarsat-2 c-band data for land-cover classification in a tropical moist region[J]. Isprs Journal Of Photogrammetry And Remote Sensing, 70, 26 – 38.

Liu Fang, Wang Jun. 2004. Advanced Spectroscopy Laboratory of College of Chemistry and Chemical Engineering, Nanjing University of Science & Technology, Nanjing 210014, China; Using Wavelet Transform for Information Extraction from Remote Sensing FTIR Spectra[J]. Spectroscopy and Spectral Analysis, 08.

Liu Q W, Li Z Y, Chen E X, *et al.*. 2011. Feature analysis of LIDAR waveforms from forest canopies[J]. Science China-Earth Sciences, 54(8): 1206 – 1214.

Li Z, Guo M, Wang Z, *et al.*. 2014. Forest-height inversion using repeat-pass spaceborne polinsar data[J]. Science China-Earth Sciences, 57, 1314 – 1324.

Manish Mehta, Rakesh Agrawal, Jorma Rissanen. 1996. SLIQ: Proceedings of the 5th International Conference on Extending Data base Technology[C]. Avignon, France, Narch, 18 – 33.

Michelakis D, Stuart N, Lopez G, *et al.*. 2014. Woodhouse, I. H. Local-scale mapping of biomass in tropical lowland pine savannas using alos palsar[J]. Forests, 5, 2377 – 2399.

Pang Y, Lefsky M, Sug G, *et al.*. 2011. Impact of footprint diameter and off-nadir pointing on the precision of canopy height estimates from spaceborne lidar [J]. Remote Sensing of Environment, 115 (11): 2798 – 2809.

P Forlay-Frick, J Fekete, K Héberger. 2005. Classification and replacement test of HPLC systems using principal component analysis, Anal[J]. Chim. Acta, 536, pp. 71 – 81.

Quinlan J R. 1986. Induction of decision tree[J]. Machine Learning.

Robinson C, Saatchi S, Neumann M, *et al.*. 2013. Impacts of spatial variability on aboveground biomass estimation from l-band radar in a temperate forest[J]. Remote Sensing, 5, 1001 – 1023.

Shafer S A, Kanade T. 1983. Using shadows in finding surface orientations[J]. Comput Vision Graphics Image Process, 22: 145 – 176.

Shafer J, Agrawal R, Mehta M. 1996. SPRINT: A Scalable Parallel Classifier for Data Mining[C]. Proceedings Of the 22nd International Conference on Very Large Databases.

Shimoni M, Borghys D, Heremans R, *et al.*. 2009. Fusion of polsar and polinsar data for land cover classification[J]. International Journal Of Applied Earth Observation And Geoinformation, 11, 169 – 180.

Solberg S, Astrup R, Breidenbach J, *et al.*. 2013. Monitoring spruce volume and biomass with insar data from Tandem[J]. Remote Sensing Of Environment, 139, 60 – 67.

Tang H, Dubayah R, Swatantran A, *et al.*. 2012. Retrieval of vertical LAI profiles over tropical rain forests using waveform lidar at La Selva, Costa Rica[J]. Remote Sensing of Environment, 124(9): 242 – 250.

Tu T M, Lee Y C, Chang C P, *et al.*. 2005. Adjustable Intensity-Hue-Saturation and Brovey transform fusion technique for IKONOS/QuickBird imagery(44), 116 – 201.

Treuhaft R, Goncalves F, dos Santos J R *et al.*. 2015. Tropical-forest biomass estimation at x-band from the spaceborne tandem-x interferometer[J]. Ieee Geoscience And Remote Sensing Letters, 12, 239 – 243.

T Tarumi, G W Small, R J Combs, *et al.*. 2004. Kroutil, High-pass filters for spectral background suppression in airborne passive Fourier transform infrared spectrometry[J]. Anal. Chem. Acta, (501): 235 – 247.

Wang L, Sousa W P. 2009. Distinguishing mangrove species with laboratory measurements of hyperspectral leaf reflectance[J]. International Journal of Remote Sensing, 30(5): 1267 – 1281.

Yan W, Yang W, Sun H, *et al.*. 2011. Unsupervised classification ofpolinsar data based on shannon entropy characterization with iterative optimization[J]. Ieee Journal Of Selected Topics In Applied Earth Observations And Remote Sensing , 4, 949 – 959.

Yao W, Krzystek P, Heurich M. 2012. Tree species classification and estimation of stem volume and DBH based on single tree extraction by exploiting airborne full-waveform LiDAR data [J]. Remote Sensing of Environment, 123(8): 368 – 380.

Yin Shou-jing, Wu Chuan-qing, Wang Qiao. 2013. Review of Change Detection Methods Using Multi-Temporal Remotely Sensed Images[J]. Spectroscopy And Spectral Analysis, 33(12): 3339 – 3342.

Zhao F, Yang X, Schull M A, *et al.*. 2011. Measuring effective leaf area index, foliage profile, and stand height in New England forest stands using a full-waveform ground-based lidar[J]. Remote Sensing of Environment, 115(11): 2954 – 2964.

Zhou Y, Hong W, Wang Y, *et al.*. 2012. Maximal effective baseline for polarimetric interferometric sar forest height estimation[J]. Science China-Information Sciences, 55, 867 – 876.

现代林业信息技术

第 *4* 章

数据库技术

林业数据库是林业信息服务的重要基础。从早期的文献查阅数据库，到现代空间数据库和决策支持数据库，再到如今新一代非结构化数据库和大数据时代，数据库技术已经成为林业资源管理、动态监测和规划设计等方面不可缺少的重要工具。

4.1 概述

4.1.1 基本概念

(1)数据

数据(Data)是数据库中存储的基本对象，是描述事物的符号记录，有多重形式，包括文本、图形、图像、音频、视频、学生的档案记录、货物的运输情况等。

(2)数据库

数据库(Database，DB)是长期储存在计算机内、有组织的、可共享的大量数据的集合。典型的数据库包括档案数据库、植物志数据库、林地资源数据库、土地利用数据库、教育教学数据库、决策支持数据库等。一般来说，数据库具有以下基本特征：数据按一定的数据模型组织、描述和储存；可为各种用户共享；冗余度较小；数据独立性较高；易扩展。

(3)数据库管理系统

数据库管理系统(Database Management System，DBMS)，位于用户与操作系统之间的一层数据管理软件。DBMS 是基础软件，是一个大型复杂的软件系统，用于科学地组织和存储数据、高效地获取和维护数据。

DBMS 的主要功能包括数据定义、数据组织、存储和管理、数据操纵功能、数据库的事务管理和运行管理、数据库的建立和维护功能(实用程序)。

(4)数据库系统

数据库系统(Database System，DBS)，在计算机系统中引入数据库后的系统构成，包括数据库、数据库管理系统(及其开发工具)、应用系统、数据库管理员。其特点主要有数据结构化程度高、独立性高、共享性高、冗余度低、易扩充。DBS 的数据由 DBMS 统一管理和控制。

4.1.2　数据库系统的组成

数据库系统主要由三部分组成：硬件、软件和人员。

(1)硬件

数据库系统对硬件资源的要求较高。首先，需要足够大的内存来运行操作系统、DBMS 的核心模块、数据缓冲区和相关应用程序。其次，需要足够大的外存来存储或备份数据，包括磁盘或磁盘阵列和光盘、磁带等。最后，需要较高的通道能力和吞吐能力，提高数据传送率。

(2)软件

软件包括操作系统、DB、DBMS、编译器、以 DBMS 为核心的应用开发工具和为特定应用环境开发的数据库应用系统等。

(3)人员

管理数据库也需要人员参与，包括数据库管理员、系统分析员和数据库设计人员、应用程序员和最终用户等。

4.1.3　数据模型

数据模型是对现实世界的抽象模拟。基于数据模型可以在计算机中抽象、表示和处理现实世界中的数据和信息。根据层次不同，可以分为 3 类：

(1)概念模型

概念模型是按用户的观点来对现实生活描述和信息建模，用于数据库设计。常见的概念模型是"实体—关系"图。

(2)逻辑模型

逻辑模型是按系统分析设计人员对数据存储的观点，对概念模型进行进一步的分解和细化。包括网状模型、层次模型、关系模型、面向对象模型等。

(3)物理模型

物理模型是按计算机系统的观点对数据建模，用于 DBMS 实现。物理模型是对真实数据库最底层的抽象，描述数据在系统内部的表示方式和存取方法，在磁盘或磁带上的存储方式和存取方法。典型的一些对象包括：表、视图、字段、数据类型、长度、主键等。

完整的数据模型的组成要素包括数据结构、数据操作、完整性约束条件。

4.1.4　关系型数据库

关系型数据库是目前应用最广泛，也是最重要、最流行的数据库，是在一个给定的应用领域中所有关系的集合。所谓关系就是一张表，设计关系就是设计一张表，其中表中的一行叫做元组，表中的一列叫属性，属性名是给属性起的名字。关键字是表中的某个属性组，唯一确定一个元组。

按照数据模型的 3 个要素，关系模型由关系数据结构、关系操作集合和关系完整性约束三部分组成。

（1）关系数据结构

包括关系数据库模式和关系数据库。关系数据库模式，是对关系的描述，一般表示为关系名（属性 1，属性 2，…，属性 n），如林班关系（林班号、林班面积、地类、林种）。关系模式在某一时刻对应的关系的集合，称为关系数据库。

（2）关系操作集合

包括查询和更新。

查询：选择、投影、连接、除、并、交、差。

数据更新：插入、删除、修改。

查询的表达能力是其中最主要的部分；选择、投影、并、差、笛卡尔积是 5 种基本操作。

（3）关系完整性约束（Integrity constrains）

关系完整性是为保证数据库中数据的正确性和相容性，对关系模型提出的某种约束条件或规则。完整性通常包括域完整性、实体完整性、参照完整性和用户定义完整性。其中域完整性，实体完整性和参照完整性，是关系模型必须满足的完整性约束条件。

①域完整性（Domain Integrity）　它是最简单、最基本的约束，是保证数据库字段取值的合理性。关系 DBMS 中一般都有域完整性约束检查功能，包括主键（PRIMARY KEY）、检查（CHECK）、默认值（DEFAULT）、唯一（UNIQUE）、不为空（NOT NULL）、外键（FOREIGN KEY）等约束。比如林班号应该是唯一的，作为主键不允许重复。

②实体完整性（Entity integrity）　指关系的主关键字不能重复也不能取"空值"。例如，林班号作为主键，林班号不能为空，否则无法对应某个具体的林班，这样的表格不完整，对应关系不符合实体完整性规则的约束条件。

③参照完整性（Referential integrity）　定义建立关系之间联系的主关键字与外部关键字引用的约束条件。例如，在学生选课管理中，有 3 个表：学生表、课程表、选课表。选课表中有学生学号，学生表中也有学生学号。将选课表作为参照关系，学生表作为被参照关系，以"学号"作为两个关系进行关联的属性，则"学号"是学生关系的主关键字，是选课关系的外部关键字。选课关系通过外部关键字"学号"参照学生关系。

实体完整性和参照完整性适用于任何关系型数据库系统，它主要是针对关系的主关键字和外部关键字取值必须有效而做出的约束。

④用户定义完整性（User defined integrity）　根据应用环境的要求和实际的需要，对某一具体应用所涉及的数据提出约束性条件。这一约束机制一般不应由应用程序提供，而应由关系模型提供定义并检验，用户定义完整性主要包括字段有效性约束和记录有效性。例如，优势树种高取值必须大于 0，小于 200m；蓄积量不小于 0。

4.1.5　关系数据库标准语言（SQL）

SQL 是结构化查询语言（Structured Query Language）的缩写，是一种编程语言，也是支持关系型数据库构建、数据存取、更新和管理的不可或缺的重要工具。其功能包括数据定义、数据操纵和数据控制 3 个部分，主要命令包括：

（1）数据定义语言

CREATE，ALTER，DROP，DECLARE

【例 4.1】创建和删除一个新数据库 LY 的 SQL 写法分别为：

CREATE DATABASE LY

DROP DATABASE LY

【例 4.2】创建一个名为"LB"的表，包含林班号、优势树种和面积 3 个字段：

CREATE TABLE LB［林班号 char(50)，优势树种 char(50)，面积 double］

（2）数据操纵语言

SELECT，DELETE，UPDATE，INSERT

【例 4.3】往"LB"表中增加一条记录，林班号为 2014001，优势树种为红松，面积为 100hm^2。

INSERT INTO LB（'2014001'，'红松'，100）

（3）数据控制语言

GRANT，REVOKE，COMMIT，ROLLBACK

GRANT 和 REVOKE 分别授予和收回用户的某种权限；OMMIT 和 ROLLBACK 分别表示一个事务的结束和撤销。数据控制语言主要由高级数据库管理人员操作。

SQL 语言简洁、方便实用、功能齐全，已成为目前应用最广的关系数据库语言。下面以防火安全责任人的安排为例进行 SQL 查询举例。

【例 4.4】设计实验表结构如下：

小班表：Sub（Sno，Sname，Sspecie，Sage，Svolume），其中 Sno 为主键

责任人表：People（Pno，Pname，Page，Psex），其中 Pno 为主键

防火安排表：PS（Sno，Pno，Month），其中 Sno，Pno 的组合为主键

①查询全体责任人的编号、姓名和性别。

SQL 代码：select Pno，Pname，Psex from People。

②查询所有蓄积量超过 50 的小班编号和树种。

SQL 代码：select Sno，Sspecie from Sub where Svolume ＞ 50。

③查询 6 月值班的防火安全人的姓名。

SQL 代码：select People. Pname from PS，People where（PS. month ＝ 6 and People. Pno ＝ PS. Pno）。

4.1.6 空间数据库

如果数据库中既包含属性数据也包含空间数据，则将计算机物理存储的地理空间数据的总和称为空间数据库（Spatial Database）。为了保存空间坐标信息，空间数据库需要考虑一系列特殊的数据结构进行组织和存储。

空间数据库的研究始于 20 世纪 70 年代的地图制图与遥感图像处理领域，其目的是为了有效地利用卫星遥感资源迅速绘制出各种经济专题地图。传统关系数据库无法有效

地支持复杂对象(如图形、图像)，很难有效处理空间数据的表示、存储、管理和检索，需要进行扩展研发。因此，形成了空间数据库这一数据库研究领域。

空间数据库的解决方案中较为成功的是基于关系数据库的空间数据库引擎，即 SDE (Spatial Database Engine，SDE)。SDE 基于大型关系型数据库研发，在空间图形数据和大型关系型数据库之间建立起了一道桥梁，因此，也称作中间件软件。SDE 支持超大型空间数据库管理以及在网络环境中对多用户并发空间数据访问的快速响应方面的应用。其中，以美国 ESRI 公司推出的 ArcSDE 和国内超图(SuperMap)公司推出的 SDX 为典型代表。

4.2　数据库设计

4.2.1　数据库设计的任务

数据库设计是指根据用户需求研制数据库结构的过程。具体地说，数据库设计是指对于一个给定的应用环境，构造最优的数据库模式，建立数据库及其应用系统，使之能有效地存储数据，满足用户的信息要求和处理要求，也就是把现实世界中的数据，根据各种应用处理的要求，加以合理组织，使之满足硬件和操作系统的特性，利用已有的 DBMS 来建立能够实现系统目标的数据库。

数据库设计的任务如图 4-1 所示。

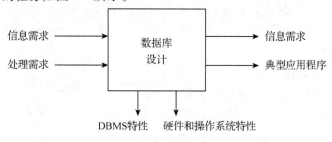

图 4-1　数据库设计的任务

4.2.2　数据库设计的内容

数据库设计包括数据库的结构设计和数据库的行为设计两方面的内容。

(1)数据库结构设计

数据库的结构设计是指根据给定的应用环境，进行数据库的模式或子模式的设计。它包括数据库的概念设计、逻辑设计和物理设计。数据库模式是各应用程序共享的结构，是静态的、稳定的，一经形成后通常情况下是不容易改变的，所以结构设计又称作静态模型设计。

(2)数据库行为设计

数据库的行为设计是确定数据库用户的行为和动作。在数据库系统中，用户的行为和动作指用户对数据库的操作，这些要通过应用程序来实现，所以数据库的行为设计就是应用程序的设计。用户的行为总是使数据库的内容发生变化，所以行为设计是动态的，行为设计又称作动态模型设计。

4.2.3 数据库设计的基本步骤

数据库设计的全过程如图4-2所示。主要步骤如下：

（1）系统需求分析阶段

需求分析是整个数据库设计过程的基础，要收集数据库所有用户的信息内容和处理要求，并加以规格化和分析。

（2）概念结构设计阶段

概念结构设计是把用户的信息要求统一到一个整体逻辑结构中，此结构能够表达用户的要求，是一个独立于任何 DBMS 软件和硬件的概念模型。

（3）逻辑结构设计阶段

逻辑结构设计是将上一步所得到的概念模型转换为某个 DBMS 所支持的数据模型，并对其进行优化。

（4）物理结构设计阶段

物理结构设计是为逻辑数据模型建立一个完整的能实现的数据库结构，包括存储结构和存取方法。

（5）数据库实施阶段

此阶段可根据物理结构设计的结构把原始数据装入数据库，建立一个具体的数据库并编写和调试相应的应用程序。应用程序的开发目标是开发一个可依靠的有效地数据库存取程序，来满足用户的处理要求。

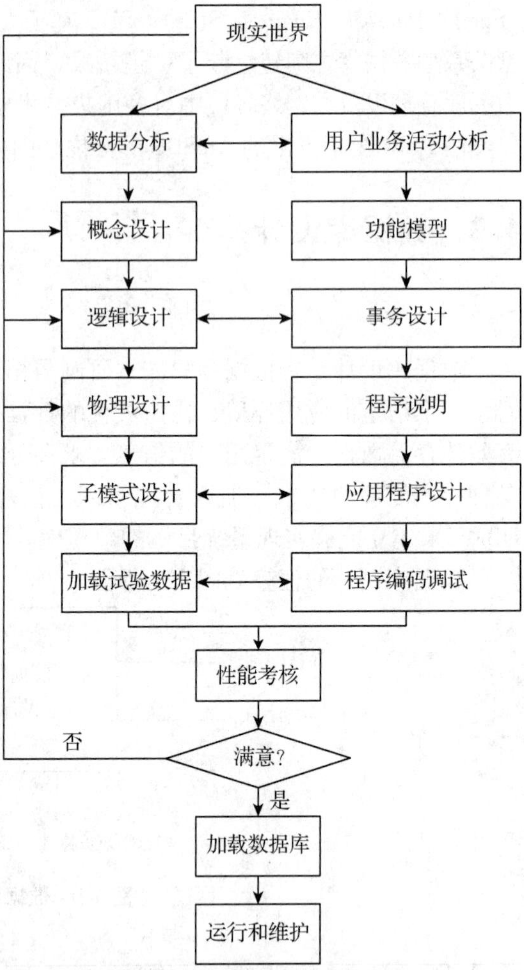

图 4-2 数据库设计的全过程

（6）数据库运行与维护阶段

这一阶段主要是收集和记录实际系统运行的数据，数据库运行的记录用来提供用户要求的有效信息，用来评价数据库系统的性能，进一步调整和修改数据库。在运行中，必须保持数据库的完整性，并能有效地处理数据库故障和进行数据库恢复。在运行和维护阶段，可能要对数据库结构进行修改和扩充。

4.3 林业数据库建设

林业数据库建设是林业管理信息化的基础，数据库的建设必须为林业管理服务，为社会服务。林业数据类型多样，但是大多数与空间信息有关，比如土地利用分类图、林相图、数字遥感图像、三维空间图形等具有明显的地理空间参考。另外还有具备空间参考属性的属性信息和各种林业统计信息，也可以根据行政区划、自然地理区域、坐标系统、地名等来识别。因此，空间特性是林业数据库必须考虑的因素，通常需要 GIS 的支持。

4.3.1　基本流程

(1) 数据源准备部分

收集和整理各类原始数据，包括基础地理数据、专题数据、统计数据、图像数据、其他文档和说明信息等。

(2) 数据预处理

各种来源数据，尤其是空间数据，必须在统一的数据编码体系和空间坐标参考系下，制订数据编码方案，以服务于数据的查询检索和其他类型的数据处理。还包括数据体系的归一化处理，保证整个数据库中的数据均具有相同投影方式和投影参数，以实现地物特征的坐标匹配、数据叠加、接边等操作的需要，以使数据空间延伸性得到保证。

(3) 数据的输入与编辑处理

主要包括基础图形矢量化、大量属性数据录入和遥感图像数据存储 3 个部分。

(4) 建立数据库

通过多图层结构和规则数据结构，将遥感数据、统计等数据有机统一，实现多源数据的综合。

整个流程如图 4-3 所示。

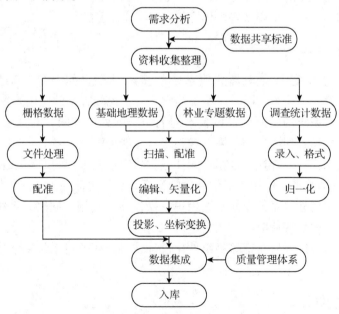

图 4-3　林业数据库集成技术流程

4.3.2　应用模式

目前林业数据库在森林资源管理、林业规划以及其他行业的应用主要有以下几种模式：

(1) 自定义开发

基于关系型数据库，自主开发林业 DBMS 或 GIS 软件，完成有关查询和调用。这种模式对开发要求较高，需要对林业数据库的数据结构、数据组织有较好了解。优点是能完全自定义，功能可满足其特定的工作需要；缺点维护难度大。

(2) C/S 模式

基于大型的空间数据库软件对林业数据库进行管理，通过客户机/服务器模式（C/S）实现实时查询和调用。这种模式是由林业数据建库部门对数据进行集中、统一的管理，通过网络向用户提供地理信息服务。这种模式的优点是用户无需对数据进行管理和维护，只需要安装一定的软件或访问特定的网站，即可实现对数据的查询、访问和分析等操作；缺点是对数据管理和维护部门的要求很高，需要提供完善的地理信息服务以满足用户的需求。

(3) B/S 模式

采用 Web Service、空间元数据管理和发布等技术，通过浏览器/服务器模式（B/S），实现空间数据互操作与应用。基于 Web 的地图服务和 Web 的要素服务，使用户通过客户端工具对空间元数据库进行查询、检索访问，进而根据查询的元数据结果定位和检索林业数据库中相应的空间数据，在此基础上根据需要进行数据的集成以及各种空间、统计分析等操作。

林业数据库应用成果的表达方式主要有：文字报告、表格、柱状图或饼图、折线图、空间分布图、二维显示以及多媒体方式。

4.3.3 系统需求

①开放性　系统能兼容来自其他系统的多种功能，如办公自动化、图像处理、CAD、异源数据库、统计等；同时，系统提供了一个比较容易的应用开发环境。

②安全性　对系统的不同用户设置不同的访问和处理权限，对重要数据自动备份；同时具备容错、检错、纠错、信息恢复和系统重建能力。

③高档和低档系统共存性　根据不同任务，建立不同级别的 DB 处理功能。工作站、服务器、PC 在不同水平上给用户提供硬件的选择，系统也能在不同的工作平台上工作。

④操作简单实用性　系统面向不同用户，操作简单实用；同时，系统具有较快的响应速度，以减少用户的等待时间。

⑤易扩展性　系统底层全部采用组件化设计，可便捷地对系统功能模块进行扩充或缩减。

4.3.4 功能设计

以森林资源管理为例，可以将林业数据库系统分为森林资源规划设计调查、森林资源空间信息管理、森林资源年度变化监测 3 个子系统，它们共同调用森林资源信息空间属性一体化数据库中的数据(图4-4)。

系统的核心是空间属性一体化数据。该库还应该包含与森林资源有关的背景信息，

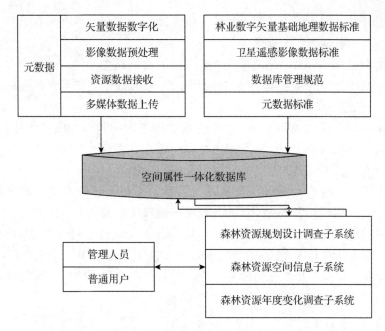

图 4-4　森林资源管理数据库系统总体结构示意

如社会经济、自然资源、降水分布、流域分布等信息，以及林相图、DEM、GPS 信息等，为森林资源管理提供可视化的背景数据库。

4.4　新一代数据库技术

4.4.1　Not Only SQL(NoSQL)

随着互联网 web2.0 网站的兴起，传统的关系数据库在应付超大规模和高并发的动态网站时已经力不从心，在高并发读写、海量数据的高效率存储和访问、高可扩展性和高可用性的需求上遇到了困难。为解决这类问题的非关系型数据库 NoSQL(NoSQL = Not Only SQL)应运而生。

(1)NoSQL 定义

NoSQL 是非关系型数据存储的广义定义，是一项全新的数据库革命性运动。NoSQL 数据存储不需要固定的表结构，通常也不存在连接操作，能满足横向伸缩性上的需求。在大数据存取上具备关系型数据库无法比拟的性能优势。该术语在 2009 年初得到了广泛认同。较为成功的商业 NoSQL 有 Google 的 BigTable 和 Amazon 的 Dynamo。Google 的很多项目都使用了 BigTable，包括著名的 Google Earth。一些开源的 NoSQL 体系，如 Facebook 的 Cassandra，Apache 的 HBase 和 Hadoop 也得到了广泛认同。

(2)NoSQL 的优、缺点

NoSQL 的主要优点：

①易扩展　NoSQL 数据库种类繁多，但是都有一个共同的特点，去掉了关系数据库的关系型特性。由于数据之间无关系的制约，非常容易扩展。

②读写高性能　因为缓存是记录级的、细粒度的，NoSQL 数据库都具有非常高的读写性能，尤其在大数据量下表现优秀。

③数据模型灵活　NoSQL 无需事先为要存储的数据建立字段，随时可以存储自定义的数据格式。而在传统关系数据库里，增删字段非常麻烦，尤其是对已有较大数据量的表格时。

④高可用(High Availability)　一个系统维护停工时间越少，服务可用性越高。NoSQL 在不太影响性能的情况，就可以方便的实现高可用的架构。

NoSQL 也有很多不成熟的地方，开发上也有不少劣势：

①开发消耗高　现有数据库平台都是关系型，平稳迁移的方式目前还不成熟。同时，NoSQL 的专家级应用者还很少，人力资源的缺口还很大，人力成本并不会减少。

②商业资源模式少　现阶段大多数 NoSQL 都是开源软件，商业性的资源比较少。

③功能不够齐全　相对于关系型数据库，NoSQL 还是新生代，功能支持度不高。

在林业应用中，关系型数据仍然是主流。但是，在大数据时代来临的压力下，逐步引入接纳 NoSQL 也是非常必要的。

4.4.2　MongoDB

NoSQL 数据库的代表之一就是 MongoDB (www. mongodb. org)。MongoDB 的文档模型比较灵活，适合大数据量、高并发、弱事务的互联网应用。MongoDB 内置的水平扩展机制可以提供百万到十亿级别的数据量处理能力，完全可以满足 Web2.0 和移动互联网的数据存储需求，其开箱即用的特性也大大降低了中小型网站的运维成本。

关系型数据库一般是由数据库(Database)、表(Table)、记录(Record)3 个层次概念组成。而 MongoDB 属于非关系型数据库，是由数据库(Database)、集合(Collection)、文档对象(Document)3 个层次组成。MongoDB 对于关系型数据库里的表，没有行和列的关系概念，这体现了模式的自由特点。MongoDB 语法很多，例如多列索引，查询时可以统计函数，支持多条件查询。

【例 4.5】查询 colls 所有数据

NoSQL：db. colls. find( )；

等效 SQL：select ＊ from colls；

【例 4.6】查询 colls 满足条件的数据

单一条件：

NoSQL：db. colls. find({ 'last_ name'：'Smith' })；

等效 SQL：Select ＊ from colls where last_ name = 'Smith'；

多条件查询：

NoSQL：db. colls. find({ x：3, y："foo" })；

等效 SQL：Select ＊ from colls where x = 3 and y = 'foo'；

指定条件范围查询：

NoSQL：db. colls. find({j：{ $ ne：3}, k：{ $ gt：10} })；

等效 SQL：select ＊ from colls where j！ = 3 and k > 10

查询不包括某内容

NoSQL：db. colls. find(｛｝, ｛a：－1｝)；//查询除 a 为－1 外的所有数据

可以看出，MongoDB 可以支持＜，＜＝，＞，＞＝，＜＞查询，需用符号替代分别为 $ lt， $ lte， $ gt， $ gte， $ ne 分别表达为：

db. colls. find(｛ "field"：｛ $ gt：value ｝｝)；

db. colls. find(｛ "field"：｛ $ lt：value ｝｝)；

db. colls. find(｛ "field"：｛ $ gte：value ｝｝)；

db. colls. find(｛ "field"：｛ $ lte：value ｝｝)；

db. colls. find(｛ "field"：｛ $ ne：value ｝｝)；

进行组合后可对某一字段做范围查询：

db. colls. find(｛ "field"：｛ $ gt：value1， $ lt：value2 ｝｝)；

4.4.3　SQLite

随着互联网的飞速发展，智能手机逐渐普及。手机应用程序(APP)的市场也迅速增长。安卓(Android) APP 开发和 iOS APP 开发也成为了移动应用开发的主体。移动应用需要嵌入式数据库的支持。

SQLite 就是嵌入式数据库中的一种开源 SQL 数据库。SQLite 第一个 Alpha 版本诞生于 2000 年，它是 D. Richard Hipp 用 C 语言编写的开源嵌入式数据库，支持的数据库大小为 2TB。SQLite 占用资源非常低，只需要几百 kB 的内存就够了。SQLite 已经被多种软件和产品使用，比如，Mozilla FireFox 就是使用 SQLite 来存储配置数据，而且 Android 和 iPhone 都是使用 SQLite 来存储数据。

4.4.3.1　SQLite 的基本特征

(1)轻量级

SQLite 和 C/S 模式的数据库软件不同，它是进程内的数据库引擎，因此，不存在数据库的客户端和服务器。使用 SQLite 一般只需要带上它的一个动态库，就可以享受它的全部功能，而且那个动态库的尺寸也相当小。

(2)独立性

SQLite 数据库的核心引擎本身不依赖第三方软件，使用它也不需要"安装"，所以在使用的时候能够省去不少麻烦。

(3)隔离性

SQLite 数据库中的所有信息(比如表、视图、触发器)都包含在一个文件内，方便管理和维护。

(4)跨平台

SQLite 数据库支持大部分操作系统，包括个人电脑操作系统和很多手机操作系统，比如，Android、Windows Mobile、Symbian、Palm 等。

(5)多语言接口

SQLite 数据库支持很多语言编程接口，比如，C \ C⁺⁺、Java、Python、dotNet、Ruby、Perl 等，得到更多开发者的喜爱。

(6)安全性

SQLite 数据库通过数据库级上的独占性和共享锁来实现独立事务处理。这意味着多个进程可以在同一时间从同一数据库读取数据，但只有一个可以写入数据。在某个进程或线程向数据库执行写操作之前，必须获得独占锁定。在发出独占锁定后，其他的读或写操作将不会再发生。

4. 4. 3. 2　基本流程

基于 SQLite 的安卓数据库系统基本流程如下：

(1)创建和打开数据库

使用 Open or Create Database 方法来实现。该方法自动检测是否存在这个数据库，如果存在则打开，如果不存在则创建一个数据库：创建成功则返回一个 SQLite Datebase 对象，否则抛出异常 File Not Found Exception。

下面我们来创建一个名为 Test 的数据库，并返回一个 SQLite Database 对象 mSQLiteDatabase。

mSQLiteDatabase = this. openOrCreate Database（"Test"，MODE_ PRIVATE，null）；

(2)创建表

通过 execSQL 方法来执行一条 SQL 语句。

String CREATE_TABLE ="create table 表名(列名，列名，……)"；

mSQLiteDatabase. execSQL(CREATE_TABLE)；

创建表的时候总要确定一个主键，这个字段是 64 位整型，别名_rowid。其特点就是自增长功能。当到达最大值时，会搜索该字段未使用的值(某些记录被删除_rowid 会被回收)，所以要唯一严格增长的自动主键必须加入关键字 autoincrement。

(3)删除表

mSQLiteDatabase. execSQL（"drop table 表名"）；

(4)插入数据

使用 insert 方法或者 execSQL 来添加数据。但是 insert 方法要求把数据都打包到 ContentValues 中，ContentValues 其实就是一个 Map，Key 值是字段名称，Value 值是字段的值。通过 ContentValues 的 put 方法就可以把数据放到 ContentValues 对象中，然后插入到表中去。具体实现如下：

ContentValues cv = new ContentValues( )；

cv. put(TABLE_NUM，1)；

cv. put(TABLE_DATA，"测试数据库数据")；

mSQLiteDatabase. insert(Test，null，cv)；

//同样可以使用 execSQL 方法来执行一条"插入"的 SQL 语句

String INSERT_DATA ="insert into 表名(列名，……) values（值，……)"；

mSQLite Database. execSQL(INSERT_DATA)；

(5)更新记录

ContentValues cv = new ContentValues( )；

cv. put（TABLE_NUM，3）；

cv. put（TABLE_DATA，"修改后数据"）；

mSQLiteDatabase. update（Test，cv，"num" + " = " + rowId，null）；

//同样可以使用 execSQL 方法来执行一条"更新"的 SQL 语句

String UPDATE_DATA = "update 表名 set 列名 = xxx where xxx；

mSQLiteDatabase. execSQL（UPDATE_DATA）；

（6）删除记录

//要删除数据可以使用 delete 方法

mSQLiteDatabase. delete（"Test"，"WHERE_id = " + 0，null）；

//也可以通过 execSQL 方法执行 SQL 语句删除数据

mSQLiteDatabase. execSQL（"delete from 表名 where 条件"）；

除了 SQ Lite，还有常见的其他的嵌入式数据库，包括 BerkeleyDB、CouchbaseLite、LevelDB 和 UnQLite 等。

4.5　案例分析

4.5.1　基于数据库的林业资源分类管理

在林业资源中，以森林小班数据为例，建立数据库时包含很多数据，可以进行分类，例如建立基础地理数据库和森林资源专题数据库。

基础地理数据库中包含全国行政区划、全国 DEM、数字栅格地图和卫星遥感图像等数据。

森林资源专题数据库包括森林分布图内有小班编号、森林类型、树龄、图斑面积、空间等信息。

在林业资源管理信息系统中，ArcGIS 将空间数据库按照图层来管理，每一图层对应一种类型的空间实体，对其属性数据库采用 Acess 数据库来管理，如果数据库容量过大，可以采用 SQL Server 或者 Oracle 数据库来管理。

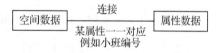

图 4-5　空间数据与属性数据的统一

小班图层空间数据层的图层命令与其对应属性数据表连接时，则需要我们在两个表中有与某属性一一对应，即可将两者连接起来，实现数据的统一调用（图 4-5）。

4.5.2　基于空间数据库的农业智能处方系统

随着精准农业和智慧农业的兴起，基于 GIS 的空间数据库构建农业施肥、喷药、收获等的智能处方系统在国内得到较快发展（侯顺艳，2003；谭慧月，2014）。

以施肥为例，首先需要收集研究地区的农户分布资料、已有配方施肥的成果数据、耕地生产力评价成果等，并将数据进行专题分层和属性分类后开展数据库设计。数据库设计是整个技术流程的重点。数据库设计一般要经过概念设计、逻辑设计和物理设计 3 个过程，其中较为关键的是概念设计，常用的是 E-R 方法，具体通过用户需求分析获得的信息来定义实体和实体之间的关系、明确各个实体的表示方法。

涉及的主要实体就是需要包含的主要图层，有行政区划图层、耕地图层、农户图层、水系图层、道路图层(道路图层精细到乡村小道)和土壤图层。每个图层的属性信息要完整，例如，耕地图层需要包含基本信息和养分情况，包括 pH 值、有机质、氮、磷、钾含量等。实体之间的概念关系可以用图 4-6 表示。

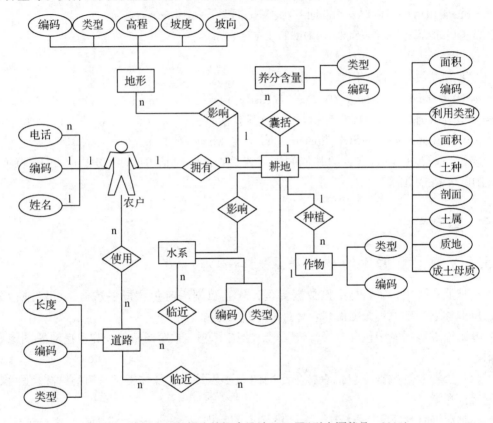

图 4-6　施肥空间数据库的概念设计 E-R 图(引自谭慧月，2014)

基于概念设计，选择 ArcGIS 的 GeoDatabase 数据模型，进行数据库的逻辑设计，主要包括具体表格的字段结构设计和表格之间的关系。例如，耕地应该为多边形图层，每个多边形对应一条属性，属性(表 4-1)应该包含 7 个字段，其中 2 个数值型，5 个文本型。

GeoDatabase 数据模型需要在微软的 SQL Server 数据中具体物理实现。但是，需要安装 ESRI 的空间数据库引擎 SDE，剩下的工作就是实现数据的入库。

为方便用户使用，可以 ESRI ArcEngine 和 Visual Studio 为开发平台，开发数据管理信息系统，完成用户界面。实现数据访问与加载、地图操作、信息查询显示、提供配方施肥建议和测量工具等功能。

现代林业信息技术

表 4-1　耕地表格逻辑设计

字段名	数据类型	字符长度	是否空值
编码	Long Integer	—	否，主键
面积	Double	—	否
土地利用类型	Text	10	否
土种	Text	20	否
土属	Text	20	否
成土母质	Text	20	否
质地	Text	20	否

4.5.3　生物信息数据库系统

随着生物科学的快速发展，产生了大量生物学数据。在收集、整理、存储、分发、分析和解释这些数据库的过程中，形成了一门新兴学科：生物信息学。其中，利用生物信息相关数据库进行文献检索和基因匹配非常重要。

常见的生物信息数据库是 GenBank，即美国国家生物技术信息中心（National Center for Biotechnology Information，NCBI）建立的 DNA 序列数据库。GenBank（http://www. ncbi. nlm. nih. gov/Genbank/index. html）的基本检索系统是 Entrez，包含的数据库有 PUBMED、核苷酸数据库（Nucleotide）、蛋白质数据库（Protein）等。Entrez 检索系统查出来的数据并不完全对应，需要进一步经 BLAST 序列相似性检索进行比对。BLAST 序列相似性检索就是将新测定的核酸或蛋白质序列与核酸或蛋白质序列数据库进行比对，找出与之相似的序列记录。

4.5.4　林业科学数据库

本小节介绍几个与林业资源相关的科技数据库和共享平台，供读者参考。

(1)林业科学数据平台(http://www. cfsdc. org/)

整合森林资源、林业生态环境、森林保护、森林培育、木材科学与技术、林业科技文献、林业科学研究专题和林业行业发展等八大类别的林业科学数据，提供数据共享服务。截至 2011 年，该平台集成并建立 152 个数据库，数据实体总量达 784GB 以上，系统性强。

(2)中国科技资源共享网(http://www. escience. gov. cn/)

提供植物种质资源数据、森林资源数据、林业生态环境数据、森林保护数据、森林培育数据、木材科学数据、林业科技基础数据、林业科学研究专题数据和林业建设基础数据。

(3)国家林木种质资源平台(http://www. nfgrp. cn/)

提供林木种质资源信息、林木种质资源实物共享、优异种质信息和国外树种引种信息等。

(4)人地系统主题数据库(http://www. data. ac. cn/)

包含中国森林资源数据库，汇集了第 1 次到第 5 次的森林资源调查数据，包括分省区林业用地各类面积蓄积、优势树种分龄组面积蓄积、主要林种分龄组面积蓄积；分县林业用地各类面积蓄积、林木蓄积等。另有专题图件。

》》》》》》》》》》》》》》》》》》》》》》 思考题 《《《《《《《《《《《《《《《《《《《《《《《《

1. 了解数据库的基本概念与设计流程。
2. 通过查找文献了解林业数据库的建设。
3. 以林业退耕还林为例，试进行数据库的概念设计。

》》》》》》》》》》》》》》》》》》》》》》》 参考文献 《《《《《《《《《《《《《《《《《《《《《《《《

陈云坪，赵春江，王秀，等. 2007. 基于知识模型与 WebGIS 的精准农业处方智能生成系统研究[J]. 中国农业科学，06：1190 – 1197.

侯顺艳. 2003. 基于组件式 GIS 的精准农业变量施肥处方系统应用研究[D]. 河北农业大学.

谭慧月. 2014. 面向农户的智能配方施肥空间数据库建立与应用研究[D]. 华中农业大学.

王鹏，王熙. 2015. 嵌入式变量施肥控制软件的设计——基于 eSuperMap 控件[J]. 农机化研究，04：223 – 225，229.

Ahmadi F F, Ebadi H. 2009. An integrated photogrammetric and spatial database management system for producing fully structured data using aerial and remote sensing images[J]. Sensors, 9, 2320 – 2333.

Balasubramanian B, Garg V K. 2013. Fault tolerance in distributed systems using fused data structures[J]. Ieee Transactions On Parallel And Distributed Systems, 24, 701 – 715.

Chang F, Dean J, Ghemawat, S. et al. 2008. Bigtable：A distributed storage system for structured data[J]. ACM Trans. Comput. Syst, 26.

Lai W K, Chen Y U, Wu T Y, et al. 2014. Towards a framework for large-scale multimedia data storage and processing on hadoop platform[J]. Journal Of Supercomputing, 68, 488 – 507.

Sakr S, Liu A, Batista D M, et al. 2011. A survey of large scale data management approaches in cloud environments[J]. IEEE Communications Surveys And Tutorials, 13, 311 – 336.

Stonebraker M. 2010. Sql databases v. NoSql databases[J]. Communications Of The Acm, 53, 10 – 11.

Wang Y H. 2003. Image indexing and similarity retrieval based on spatial relationship model[J]. Information Sciences, 154, 39 – 58.

现代林业信息技术

第 **5** 章

空间分析技术

空间分析是通过空间数据的分析算法，获取地理对象的空间位置、空间分布、空间形态、空间演变等新信息。空间分析是地理信息系统（Geographic Information System，GIS）的重要内容，也是评价一个 GIS 功能强弱的重要标志，它是基于空间数据库的分析技术。

5.1 地理信息系统

地理信息系统是在计算机硬、软件系统支持下，对整个或部分地球表层（包括大气层）空间中的有关地理分布数据进行采集、储存、管理、运算、分析、显示和描述的信息系统。

5.1.1 基本组成

随着技术的发展，GIS 的内涵不断扩展，部分学者将 GIS 理解为"地理信息科学"（Geographic Information Science）和"地理信息服务"（Geographic Information Service）。GIS 与其他信息系统最大的区别是对空间信息的存储管理分析，包括四大部分：计算机硬

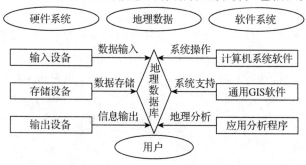

图 5-1 地理信息系统的基本组成

件、软件、空间数据库和用户(图5-1)。硬件包括输入设备(如扫描仪和键盘)、存储设备(如硬盘和磁盘阵列)和输出设备(如打印机)。软件包括计算机系统软件(如 Windows)、通用 GIS 软件(如 ArcGIS)和专业应用分析程序(如林火蔓延模型)。

5.1.2　主要特点

GIS 系统通常应该具备以下特点:

①具备公共的地理定位基础,也就是具备空间数据管理、坐标系和位置标识功能。

②具有采集、管理、分析和输出多种地理空间信息的能力。

③具备很强的空间分析和动态预测能力,并能产生高层次的地理信息。

④以地理研究和地理决策为目的,是一个人机交互式的空间决策支持系统。

5.1.3　空间数据

空间数据是 GIS 所表达的现实世界经过模型抽象标准化后的内容,是 GIS 的核心数据。空间数据是指以地表空间位置为参照的自然、社会和人文景观数据,可以是图形、图像、文字、表格和数字等,主要包括以下几点。

①空间实体的位置　在已知坐标系中,用几何坐标标识地理实体的空间位置,如经纬度、平面直角坐标、极坐标等。

②实体间的空间相关性　地理事物点、线、面实体间的空间联系,如相邻、相交、包含等,用拓扑关系(Topology)来表示。

③与几何位置无关的属性　指地理事物或现象的性质(描述),分为定性和定量两种。定性的属性包括名称、类型、特性等,如气候类型、土地利用等,一般采用文本形式表达。定量的指标包括数量和等级等,如面积、长度、土地等级,一般采用数字形式表达。

④实体的时间特性　现象或者空间实体随着时间的变化。

5.1.4　常见的地理信息系统

1967 年,世界上第一个真正投入应用的地理信息系统是由加拿大罗杰·汤姆林森博士开发的加拿大地理信息系统(CGIS),用于存储、分析和利用加拿大土地统计局使用的1∶50 000 比例尺土地数据,利用土壤、农业、休闲,野生动物、水禽、林业和土地利用等信息,以确定加拿大农村的土地能力。随后出现了很多 GIS 软件。

目前,市场上较为常见的软件包括商业软件和开源共享软件。常用的商业软件包括美国 ESRI 公司的 ArcGIS(http：//www. esri. com)和 MapInfo(http：//www. mapinfo. com),国内的 Supermap(超图, http：//www. supermap. com. cn)和 Mapgis(中地数码, http：//www. mapgis. com. cn)等。开源共享的 GIS 软件有 Quantum GIS (QGIS, http：//www. qgis. org)、gvSIG (http：//www. gvsig. org)和 GRASS GIS (http：//grass. osgeo. org)等。

5.2 空间数据结构

5.2.1 栅格和矢量

在计算机中，空间数据必须以计算机可以接受的结构化数据来表示。通常有两种形式：栅格结构（Raster）和矢量结构（Vector）如图 5-2 所示。

（1）栅格结构

栅格结构是用规则的网格阵列来表示空间地物或现象分布的数据组织方式。将地理空间划分为大小均匀紧密相邻的网格阵列，每个网格作为一个象元，地理实体的位置由其所在的网格的行和列来定义，地理实体的属性由网格的代码确定。对不同实体类型，点表示为一个像元；线表示为在一定方向上连接成串的相邻像元集合；面由相同属性的相邻像元集合表示。

（2）矢量结构

矢量结构是通过记录坐标的方式尽可能精确地表示点、线、面等地理实体的数据组织方式，其坐标空间假定为连续空间，不必像栅格数据结构那样进行量化处理。因此，矢量数据能更精确地定义位置、长度和大小。对不同实体类型，点表示为空间的一个坐标点 $(x，y)$，线表示为多个点组成矢量弧段 $(x_1，y_1)，(x_2，y_2)，\cdots，(x_n，y_n)$，而面表示为弧段组成的多边形。

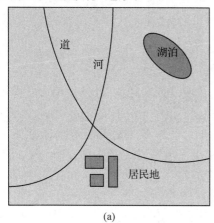
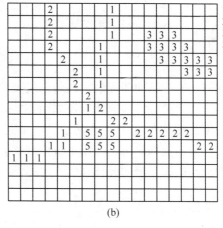

图 5-2 矢量结构与栅格结构对比

（a）矢量结构　（b）栅格结构

5.2.2 栅格结构编码

最简单、最直观而又非常重要的一种栅格结构编码方法是直接编码，通常称这种编码的图像文件为栅格文件。直接编码就是将栅格数据看作一个数据矩阵，逐行（或逐列）逐个记录代码，这样的栅格文件一般数据量较大。在栅格结构中，为了逼近原始数据精度，可以采用缩小栅格单元，增加栅格单元总数的方法，每个栅格单元可代表更细小的地物类型。然而增加栅格个数、提高精度的同时也带来了一个严重的问题,那就是数据量的大幅度增加,数据冗余严重。

事实上,许多栅格单元与其邻近的若干栅格单元具有相同的代码,可以压缩,以最大限度压缩存储的数据量。为此,现已发展了一系列栅格数据压缩编码方法,如链码、游程长度编码、块码和四分树编码等。下面以游程长度编码(Run Length Coding)为例,介绍栅格编码的基本思想。

游程长度编码,简称 RLC,也称行程编码,是对具有块状地物的栅格数据进行压缩的简单可行的方法。RLC 的基本原理是用一个符号值或串长代替具有相同值的连续符号(连续符号构成了一段连续的"程",行程编码因此而得名),使符号长度少于原始数据的长度。只在各行或者各列数据的代码发生变化时,一次记录该代码及相同代码重复的个数,从而实现数据的压缩。

游程编码记录方式有 2 种:①逐行记录每个游程的终点列号;②逐行记录每个游程的长度(像元数)。下面有两行栅格数据:

A	A	A	B	B
A	C	C	C	A

第一种方式下这个栅格图像就记作:

A,3,B,5

A,1,C,4,A,5

第二种方式下这个栅格图像就记作:

A,3,B,2

A,1,C,3,A,1

行程编码是连续精确的编码,在传输过程中,如果其中一位符号发生错误,即可影响整个编码序列,使行程编码无法还原回原始数据。

游程长度在栅格加密时,数据量没有明显增加,压缩效率较高,且易于检索、叠加、合并等操作,运算简单,适用于机器存储容量小,数据需大量压缩,而又要避免复杂的编码和解码运算,增加处理和操作时间的情况。

5.2.3 矢量结构编码

矢量数据也有不同的编码方法,对于点实体和线实体,直接记录空间信息和属性信息。对于多边形地物,包括坐标序列法、树状索引编码法和拓扑结构编码法等。坐标序列法是由多边形边界的 x,y 坐标对集合及说明信息组成,是最简单的一种多边形矢量编码法,文件结构简单,但多边形边界被存储两次产生数据冗余,而且缺少邻域信息。树状索引编码法是将所有边界点进行数字化,顺序存储坐标对,由点索引与边界线号相联系,以线索引与各多边形相联系,形成树状索引结构,消除了相邻多边形边界数据冗余问题。

拓扑结构编码法的适用性最强,多边形网络完全综合成一个整体,不重不漏,也没有过多的冗余数据,同时可以进行任何类型的邻域分析,而且,多边形中嵌套多边形没有限制，可以无限地嵌套。拓扑结构编码法彻底解决邻域和岛状信息处理问题的方法，但增加了算法的复杂性和数据库的大小。

拓扑学（Topology）一词源于希腊文，意为"形状的研究"（Study of Form）。拓扑结构就是指在数据结构上借助拓扑几何学的概念来定义空间实体的相互关系。在 GIS 系统拓扑数据结构中，通常具有如下 3 种重要的拓扑形式。

①说明线串如何相连的连通性（Connectivity），即线串（Line String）是在结点（Node）上相互连接的。

②多边形是由一系列相连通的线串组成的。

③记录多边形的相邻信息以表示拓扑结构的连续性（Contiguity）是指根据线串的走向，可以决定谁是左多边形，谁是右多边形。同时，两多边形之所以相邻是因为两者具有共同的边界。

拓扑结构编码法就是通过属性记录上述拓扑形式实现面、线、点的逐级索引，并实现面和面、线与线、点和点的拓扑关系记录。在这种数据结构中，弧段或链段是数据组织的基本对象。弧段文件由弧段记录组成，每个弧段记录包括弧段标识码、起点、终点、左多边形和右多边形（表 5-1）。结点文件由结点记录组成，包括每个结点的结点号、结点坐标及与该结点连接的弧段标识码等。多边形文件由多边形记录组成，包括多边形标识码、组成该多边形的弧段标识码以及相关属性等。

表 5-1　弧段的拓扑关系表格示例

弧段号	起结点	终结点	左多边形	右多边形
C_1	N_1	N_2	P_2	P_1
C_2	N_3	N_2	P_1	P_4
C_3	N_1	N_3	P_1	φ
C_4	N_1	N_4	φ	P_2
C_5	N_2	N_5	P_2	P_4
C_6	N_4	N_5	P_3	P_2
C_7	N_5	N_6	P_3	P_4
C_8	N_4	N_6	φ	P_3
C_9	N_7	N_7	P_4	P_5
C_{10}	N_3	N_6	P_4	φ

在一般的矢量数字化过程中，首先建立点图层，获得每个点的唯一编号；然后建立线—点关系表，确定一条线的起结点和终结点，以及顶点（Vertex）的编号。同时，知道一个结点后，也能很快地找出通过此结点的所有线串。最后，搜索多边形，建立面—线关系表，确定面是由哪些线条组成，记录其编号序列串即可。同时，从任意一条线串开始，根据左转法或右转法进行多边形的搜索。在多边形搜索过程中，当重新回到起始的线串时，完成一个多边形的搜索，并根据线串的前进方向，确定线串的左侧多边形或右侧多边形。在多边形自动生成过程中，应遵循线串的先后相继的原则，即前一条线串的终结点为后继线串的起结点。

根据面—线关系表，找出与当前的多边形相关的所有线串，计算得出多边形的面积、周长。

对于一个与遥感相结合的地理信息系统来说，栅格结构是必不可少的，因为遥感影像是以像元为单位的，可以直接将原始数据或经处理的影像数据纳入栅格结构的地理信息系统。而对地图数字化、拓扑检测、矢量绘图等，矢量数据结构又是必不可少的。较为理想的方案是采用两种数据结构，即栅格结构和矢量结构并存，用计算机程序实现两种结构的高效转换。

5.2.4 矢量化

矢量化，就是栅格格式向矢量格式的转换，是为了将栅格数据分析的结果，通过矢量绘图装置输出或者参与空间分析。实质是将具有相同属性代码的栅格集合转变成由少量数据组成的边界弧段以及区域边界的拓扑关系。矢量化是早期地理信息系统建库的重要步骤。矢量化通常可以分为 4 个步骤。

(1) 多边形边界提取

将栅格图像二值化或以特殊值标识边界点。把栅格图像预处理成近似线画图的二值图形，使每条线只有一个像元宽度。

(2) 边界线追踪

将线划图从栅格数据转变成直角坐标数据，对每个边界弧段由一个节点向另一个节点搜索，通常对每个已知边界点需沿除进入方向的其他 7 个方向搜索下一个边界点，直到连成边界弧段。

(3) 拓扑关系生成

对于矢量表示的边界弧段，判断其与栅格图上各多边形的空间关系，形成完整的拓扑结构，并建立与属性数据的联系。具体可参见上节内容。

(4) 去除多余点及曲线光滑处理

去除多余点是为了减少过于密集的多余点；反之，如果由于栅格精度的限制曲线不够圆滑，需要采用一定的插补算法进行光滑处理。常用的算法有线性叠代法、分段三次多项式插值法、正轴抛物线平均加权法、斜轴抛物线平均加权法、样条函数插值法等。

5.3 空间分析方法

空间分析是对空间相关的数据分析，包括空间图形分析运算、属性数据运算和联合运算，用于解决人类地理空间的实际问题以辅助决策。空间分析的基础是地理空间数据库(见第 4 章)。空间分析的主要内容包括查询检索、几何量算、等值线分析、复合分析、网络分析、邻域分析、插值和专业应用分析。一般分析过程包括确定分析目的和评价标注、收集整理空间数据和属性数据、开展空间分析、评价分析结果和专题制图与报表。

5.3.1 查询检索

查询检索是 GIS 最基本的分析功能，通过查询分析可以获得很多派生数据。其实质是按一定条件对空间目标的位置和属性信息进行查询，以形成一个新的数据集。可以分为：

①定位查询　用于实现特定图形和属性数据的查询。

②区域查询　查询区域或点、线、面一定范围内的图形及属性数据。

③图层查询　查询特定图层的信息。

④条件查询　用给定的条件表达式查询。

⑤空间关系查询　检索相关的空间目标。

常见的空间关系运算函数，包括：

①A Contains B　对象 A 包含对象 B

②A Contains Entire B　对象 A 全部包含对象 B

③A Winthin B　对象 A 包含于对象 B 中

④A Winthin Entire B　对象 A 全部包含于对象 B

⑤A Intersects B　对象 A 同对象 B 至少有一个公共点或一个对象完全在另一对象中，对象 A 同对象 B 相交。

【例 5.1】查询长江流域人口大于 100 万的县

解： 该例需要同时进行空间关系查询和属性查询。空间上需要 2 个图层：县多边形图层（County）和河流线图层（River）。County 图层至少需要有一个人口字段（Pop）；River 图层至少需要有一个河流名称字段（Name）。使用空间查询检索语句即可获得结果：

Select County. * from County，River where County. obj contains river. obj and County. Pop >100 and（County. obj intersects（Select obj from River where River. Name =“长江”））

5.3.2　几何量算

几何量算指空间上的距离、面积、周长等的量算，一般可以在图上进行直接量算，如两点间距离的量算、多边形周长和面积的量算、图形比例尺量算等。

（1）长度计算

分为矢量数据和栅格数据两种计算方法。矢量长度通过欧几里德距离公式计算：

$$d = \sqrt{(x_2 - x_1)^2 + (y_2 - y_1)^2}$$

栅格数据长度通过累加地物栅格数目得到。斜线需要乘以系数 $\sqrt{2}$ 。

根据长度计算功能可以实现距离制图，包括计算与最近要素之间的距离实现距离分布（分级）图。例如，计算任意一点到最近一家医院的距离的应用就是距离制图。进一步可以根据距离分布图，将任一点分配给距离其最近的要素（比如医院、学校、消防站等），实现要素最佳服务范围制图。

（2）面积计算

面积计算是 GIS 的基本功能，是空间定量分析的基础。通常采用辛普森公式（图 5-3）。

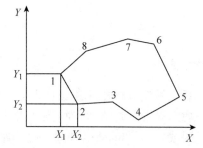

图 5-3　辛普森公式计算多边形面积

$$S_i = \frac{1}{2}(y_{i+1} + y_i)(x_{i+1} - x_i)$$

$$S = \sum_{i=1}^{n-1} S_i + \frac{1}{2}(y_n + y_1)(x_1 - x_n)$$

（i 表示顶点编号）

辛普森公式非常适合计算机自动计算，不仅可以计算面积，还可以根据面积的正负判断坐标串走向，正表示顺时针，负表示逆时针。栅格数据面积直接统计相同属性栅格数目即可。

（3）重心计算

对目标坐标值加权平均即可。可用于选址，几何量算。

5.3.3 三维表面分析

三维表面（Surface）是连续分布要素的三维空间表达，可以表示为 $z = f(x, y)$，z 为表面属性值，通常可为高程、浓度或者应用领域的数值。如果是高程，称为数字高程模型（Digital Elevation Model，DEM）。

三维表面分析可以分为表面创建和表面分析两类。表面创建主要针对离散的样点数据，通过内插产生一个连续的表面，主要的内插方法有：反距离权重法（Inverse Distance Weighted）、样条函数内插（Spline）、克里金内插（Kriging）和趋势面内插（Trend）。表面分析主要从三维表面中提取某些信息，如等值线、坡度、坡向、山体阴影等。等值线是地图上最广泛应用的表示方法之一，用来表示具有连续分布特征的自然现象。可以表示为：X，Y 平面上 $F(X, Y) = C$ 的轨迹分布线。例如，地形高程数据、气压数据、温度场中的温度数据等。图 5-4 中给出了甘肃大野口附近的 DEM 及其表面分析结果。

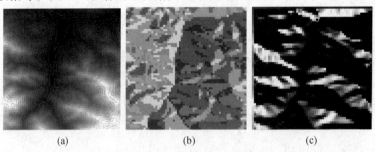

(a)　　　　　　　(b)　　　　　　　(c)

图 5-4　DEM 表面分析

（a）等值线　（b）坡向图　（c）山体阴影图

5.3.4 可视分析

可视分析可以用于帮助设置林火瞭望塔、道路、通讯线路等，主要以 DEM 或者不规则网格数据（TIN）为基础数据开展两点之间的通视分析（Line of sight）或者视点可观测区域分析（Viewshed Analysis）。通视分析回答"从这里是否可以看见我"的问题，而可视区分析回答了"从这里可以看到什么"的问题。图 5-5 分别给出了通视分析结果和可视区域分析结果。

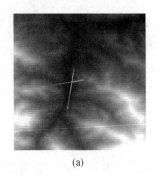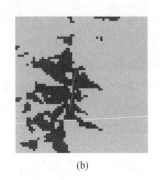

(a)　　　　　　　　　　　　　　　　(b)

图 5-5　DEM 可视分析

（a）通视分析，直线段中深色段为不通视，亮色段为通视　（b）可视区域分析，暗色为亮色线条上可视的区域

5.3.5　复合分析

空间复合分析主要是将同一空间上两个或两个以上不同含义的地理要素的重合点之间进行分析处理。根据是否派生新数据分为视觉信息复合和叠加分析。

（1）视觉信息复合

视觉信息复合仅将不同层面的图层进行叠加显示，不改变数据结构，不生成新数据，但是可以改善视觉效果，为用户提供感性认识。例如，遥感图像和 DEM 数据进行复合可以生成彩色的三维地表景观；将旅游景点图，地形图，交通图与游人位置叠加，帮助游人确定位置；把稀有树种分布图与 DEM 图叠合，可帮助确定树种生长条件等（图 5-6）。

图 5-6　DEM 和遥感图像的叠加视觉分析（甘肃大野口地区 Quickbird 黑白合成图）

（2）叠加分析

与视觉信息复合不同的是，叠加分析中参加复合的数据层要进行数据运算（如栅格数学运算或者矢量空间运算），并生成新的数据层，属性数据中包含了多个数据层的数据项。基于栅格数据的叠加分析较为简单，可采用逻辑关系分析、算术关系分析或者统计分析，将不同图层属性信息进行复合。例如，提取两期土地覆盖的变化，直接通过减法来实现。

①逻辑关系分析是用逻辑表达式分析重合点的非几何特征之间的逻辑关系，实现对空间数据提取、删除等操作。如子集 A 是在植被覆盖图上的针叶林区，子集 B 为坡度等级图上坡度 <15° 的子区，则 A∧B 是针叶林且坡度小于 15° 的区域。

②算术关系分析则通过对重合点的非几何特性间算术运算，求得新的复合数据层。比如，利用土壤侵蚀通用方程式计算土壤侵蚀量时，就可利用多层面栅格数据的函数运

算复合分析法进行自动处理。一个地区土壤侵蚀量的大小是降雨(R)、植被覆盖度(C)、坡度(S)、坡长(L)、土壤抗蚀性(SR)等因素的函数。在 ArcView 中，使用 Map Calculator 可以很方便地实现。

③用统计分析方法，求得新的复合数据层，以表示不同属性之间关系或按统计值划分区域。如求区域最大、最小以及各种统计模型等。

基于矢量数据的叠加分析包括点与多边形叠加、线与多边形叠加和多边形与多边形叠加 3 种。

点与多边形叠加用于计算多边形对点的包含关系。例如，一个中国政区图(多边形)和一个全国病虫害爆发点分布图(点)，进行叠加分析后，会将政区图多边形有关的属性信息加到病虫害的属性数据表中。通过属性查询，可以查询指定省市有多少个爆发点和爆发病虫害类型及严重程度；同时可以查询，指定类型的虫害在哪些省市有分布等信息。

线与多边形叠加用于判断线是否落在多边形内。通常先计算线与多边形的交点，根据交点个数和位置，将原线打断成若干线段，并根据线段和多边形的包含关系，将多边形属性信息赋给新的线段。叠加的结果产生了一个新的数据层面。

多边形叠加将两个或多个多边形图层进行叠加产生一个新多边形图层。结果是将原来多边形要素分割成新的较小的多边形要素，新要素综合了原来两层或多层的属性。一般的 GIS 软件都提供 3 种类型的叠加操作。

5.3.6 邻域分析

邻域分析是对输入的空间要素在特定的领域范围内进行某种统计运算，包括缓冲区分析和泰森多边形分析。

(1)缓冲区分析

缓冲区分析是产生指定对象指定半径的邻域空间范围，主要针对矢量数据，可用于模拟森林火灾蔓延趋势，帮助灾害评估；评价沿路生态环境；划定水土保持林；确定动物生态廊道等(图 5-7)。

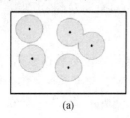 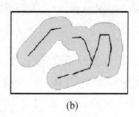 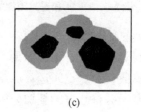

(a)   (b)   (c)

图 5-7　缓冲区分析

(a)点状要素的缓冲　(b)线状要素的缓冲　(c)面状要素的缓冲

(2)泰森多边形分析

泰森多边形(图 5-8)分析是荷兰气象学家 A. H. Thiessen 提出的一种分析方法，最初用于计算平均降水量。泰森多边形由具有一定分布的样本点数据生成，其实质是寻找每个样本点所能代表的最大地块范围。

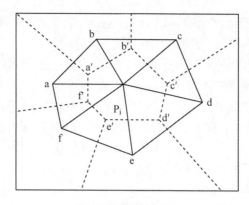

图 5-8　泰森多边形

泰森多边形具有一些独特的特点：

①每个泰森多边形内只包含一个离散数据点。

②泰森多边形内任意一点距离所包含的离散数据点最近。

③泰森多边形任意一个顶点必有 3 条边同它连接，这些边是相邻 3 个泰森多边形的两两拼接的公共边。

④泰森多边形内的任意一个顶点周围有 3 个离散数据点，将其连成三角形后，该三角形的外接圆圆心即为该顶点。

泰森多边形可用于定性分析、统计分析、邻近分析等。例如，可以用离散点的性质来描述泰森多边形区域的性质；可用离散点的数据来计算泰森多边形区域的数据；判断一个离散点与其他哪些离散点相邻时，可根据泰森多边形直接得出，且泰森多边形是 n 边形，则就与 n 个离散点相邻；当某一数据点落入某一泰森多边形中时，它与相应的离散点最邻近，无须计算距离。

在泰森多边形的构建中，首先要将离散点构成三角网。这种三角网称为 Delaunay 三角网。泰森多边形又称冯洛诺伊图（Voronoi diagram），得名于 Georgy Voronoi，是由一组由连接两邻点直线的垂直平分线组成的连续多边形组成。北京奥运会的水立方即是基于此原理设计的（图 5-9）。

图 5-9　水立方示意

建立泰森多边形算法的关键是对离散数据点合理地连成三角网，即构建 Delaunay 三角网（图 5-8）。建立泰森多边形的步骤如下：

①离散点自动构建三角网，即构建 Delaunay 三角网。对离散点和形成的三角形编号，记录每个三角形是由哪三个离散点构成的。

②找出与每个离散点相邻的所有三角形的编号，并记录下来。只要在已构建的三角网中找出具有一个相同顶点的所有三角形即可。

③对与每个离散点相邻的三角形按顺时针或逆时针方向排序，以便下一步连接生成泰森多边形。设离散点为 o。找出以 o 为顶点的一个三角形，设为 A；取三角形 A 除 o 以外的另一顶点，设为 a，则另一个顶点也可找出，即为 f；则下一个三角形必然是以 of 为边的，即为三角形 F；三角形 F 的另一顶点为 e，则下一三角形是以 oe 为边的；如此重复进行，直到回到 oa 边。

④计算每个三角形的外接圆圆心，并记录下来。

⑤根据每个离散点的相邻三角形，连接这些相邻三角形的外接圆圆心，即得到泰森多边形。对于三角网边缘的泰森多边形，可作垂直平分线与图廓相交，与图廓一起构成泰森多边形。

【例 5. 2】已知若干离散的气象站点，现有所有站点的年平均降水量，请利用泰森多边形估计整个研究区的年平均降雨量。

解：由于每个气象站点代表的范围不一致，不能直接计算平均值。首先，根据站点位置，产生泰森多边形，每个多边形内包含一个站点。然后，根据每个站点所处的多边形的面积作为权重，加权平均获得整个区域的年平均降水量。

此种方法计算降水量时考虑了测站的权重，精度较高，对测站分布不均匀的流域尤为适合。

5.3.7 网络分析

网络分析(Network Analysis)的实质是通过研究网络的状态，分析资源在网络上的流动和分配，对网络结构和资源等进行优化。网络分析的数学基础是图论和运筹学，计算机基础是线性图数据结构。最常见的网络分析是路径分析、资源分配、连通分析、流分析和选址等。

路径分析核心是对最佳路径和最短路径的求解。资源分配就是为网络中的网线和结点寻找最近的资源发散或汇集地。例如，资源分配能为城市中的每一条街道上的学生确定最近的学校，为水库提供供水区等。从某一结点或网线出发能够到达的全部结点或网线的问题就是连通求解问题，并且可以加上最少费用或最短距离等约束。流分析问题则是按照某种最优化标准(时间最少、费用最低、路程最短或运送量最大等)设计运送方案。选址功能涉及在某一指定区域内选择服务性设施的位置，例如，防火瞭望塔、消防站、工厂、飞机场、仓库等的最佳位置的确定。

5.4 探索性空间分析

5.4.1 基本概念

统计学是数据分析的主要工具，大量的统计分析都建立在正态分布的假设上。然而，实践中大量的数据很难满足这些假设条件，均值方差模型也缺乏稳健性。19 世纪 60 年代，Tukey 等面向数据分析的主题，提出了探索性数据分析（Exploratory Data Analysis，EDA）的概念。EDA 的核心是不做假设，让数据说话，在探索的基础上进行更为复杂的建模分析。常用的图形方法有直方图（histogram）、茎叶图（stem leaf）、箱线图（box plot）、散点图（scatter plot）、平行坐标图（parallel coordinate plot）等。

探索性空间数据分析（Exploratory Spatial Data Analysis，ESDA）是解释与空间位置相关的空间依赖、空间关联或空间自相关现象（陈忠琏，1997；Hoaglin，1999）。ESDA 是探索性数据分析在空间数据分析领域的推广，着重于空间数据的性质，探索空间数据中的模式，产生与地理数据相关的假设，并在地图上识别异常数据的分布位置，发现是否存在热点区域（hot spots）等。ESDA 通过地理空间和属性空间的关联分析来凸显空间关系。

ESDA 提供了全局方法（global）和局部方法（local）两类统计分析，分别对所有实例的一个或多个属性数据进行处理或者对某个时段的数据子集进行统计分析。处理对象分为空间和非空间数据。ESDA 对非空间属性数据的处理方法包括：中值分析（计算属性值分布的中心）、四分位和四分位间的分布分析（中值的分布分析）、箱线图分析（对属性值的分布进行图形化的总结）。ESDA 对空间数据的处理方法包括平滑分析、趋势分析和梯度分析、空间自相关分析。

5.4.2　空间数据的探索分析

GIS 环境中的 ESDA 的主要方法是动态联系窗口（dynamic linking windows）和刷新技术（brushing）。通过地图、统计图表、属性记录等多种方式解释空间模式，更为重要的是能够对多种形式的信息表示进行可视化的操作分析。动态联系窗口通过刷新技术将地理空间和属性空间的各种视图组合在一起，是一种交互式探索空间数据的选择、聚集、趋势、分类、异常识别的工具。

常见的探索分析工具有：直方图、Normal QQ Plot、趋势分析、Voronoi Map、半变异/协方差云图、General QQ Plot、正交协方差云图。

①直方图将数据分为若干区间，统计每个区间内的要素个数，给出一组统计量，检验数据是否符合正态分布以及发现离群值［图 5-10（a）］。

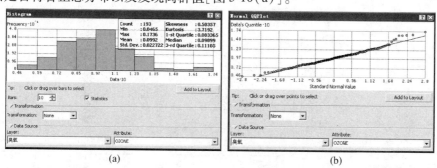

(a)　　　　　　　　　　　　　(b)

图 5-10　直方图和 QQ 图

（a）直方图　（b）QQ 图

②Normal QQ Plot 与标准正态分布(直线)对比,检验数据是否符合正态分布以及发现离群值[图 5-10(b)]。

③趋势分析是将每个采样点的值投影到东西方向和南北方向,发现数据在某个方向上有没有分布趋势(图 5-11)。

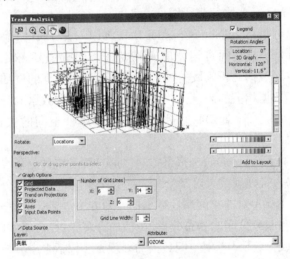

图 5-11　趋势分析

地统计(GeoStatistics)又称地质统计,它是以区域化变量为基础,借助变异函数,研究既具有随机性又具有结构性,或空间相关性和依赖性的自然现象的一门科学(汤国安, 2010)。地统计的核心是变异函数,是根据样本点来确定研究对象(某一变量)随空间位置变化的规律,以此来推算未知点的值,是非常重要的 ESDA 方法。

图 5-12 给出了变异函数的示意。可以看出,变异函数有 3 个主要特征,即基台值、变程和块金值。基台值反映最大变异情况,越高表明空间异质性越高;变程反映空间相关性的作用范围,超出变程则空间相关性不存在;块金值则反映随机变化,受不确定性因素影响部分。

变异函数通过统计而来,主要源于半变异/协方差云图,图中的每一个点代表一个点对。空间距离越近,相关性越大,发现离群值以及是否存在各向异性。

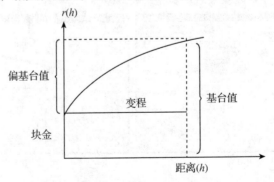

图 5-12　变异函数示意

现代林业信息技术

以图 5-13 为例，可以认识半变异函数在不同自相关地形条件下的差异。图 5-13(a) 是随机扰动地形，其半变异方差曲线[图 5-13(b)]显示变程很短，小于 10m，之后自相关性为 0，基台值 8000。而图 5-13(c) 为较平缓的起伏地形，其变程在 26m 左右，基台值 6500。

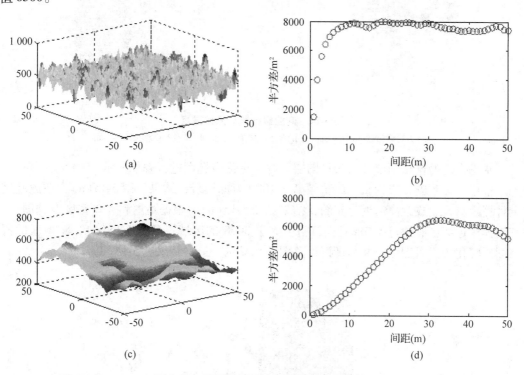

图 5-13　不同自相关地形下的半变异函数
（a）随机起伏地形　（b）随机起伏地形的半方差　（c）平缓起伏地形　（d）平缓起伏地形的半方差

5.5　空间分析应用案例

5.5.1　商业银行选址

【**例 5.3**】为一家新开设的商业银行选址，要求竞争相对小，潜在客户多，以矢量数据的文件形式输出结果。

解：这是一个较为复杂的查询，需要进行空间分析模型抽象，确定查询需要满足的两个条件：竞争小(周围银行少)，潜在客户多(人口密度大)。因此，首先需要查询满足单个条件的目标，然后进行合并查询。查询必须有数据源的支持，包括人口密度图(pop-den)、银行分布图(bank. shp)和道路图(street. shp)，见图 5-14 。基本步骤如下：

①根据电子地图数据，建立现有银行的空间分布图，查询储蓄额较高的银行(设定额度大于 1000 万)，并根据这些银行点坐标，生成距离远近分布图。

②根据居民区分布图或者人口普查的点数据生成人口密度图。

③根据距离和人口密度，查询提取远离已有银行 500m 且人口密度大于 3000 的区域。

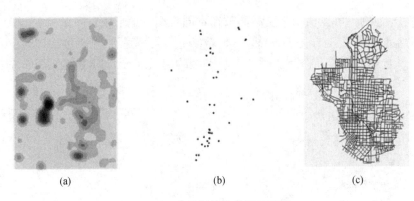

图 5-14　商业银行选址原始图层

(a)人口密度图 popden. shp　(b)银行分布图 bank. shp　(c)道路图 street. shp

④将提取的栅格图层转为矢量图层，并与街区专题图进行叠加显示。

根据上述步骤，查询私人储蓄额高于 1000 万的银行，结果见图 5-15(a)，在此基础上计算距离，生成距离远近分布图，结果见图 5-15(b)，根据距离和人口密度专题图层，查询提取远离已有银行 500m 且人口密度大于 3000 的区域，见图 5-15(c)，将生成的栅格图层转化为矢量图层，并与街区道路图叠加显示，最终结果见 5-15(d)。

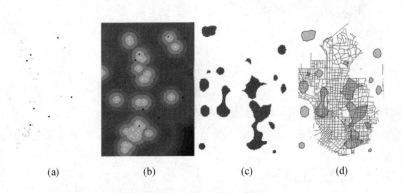

(a)　　　　　(b)　　　　　(c)　　　　　(d)

图 5-15　商业银行案例过程

(a)网点筛选　(b)距离计算　(c)银行人口叠加分析　(d)视觉复合分析

5.5.2　最佳种植区

【例 5.4】为某县找出该区域森林人工林最佳种植区。要求道路沿线 300m 范围内不能种植；河流沿线 500m 范围内不能种植；耕地区域不能种植。

解：这是一个综合缓冲区分析和复合分析的案例。首先，需要准备相关数据，包括道路分布图(road. shp)、河流分布图(river. shp)、耕地分布图(farmland. shp)。基本步骤如下：

①根据道路分布图，生成道路周围 300m 半径的缓冲区图(road_buffer. shp)。

②根据河流分布图，生成河流周围 500m 半径的缓冲区图(river_buffer. shp)。

③叠加 3 个图层(road_buffer. shp、river_buffer. shp 和 farmland. shp)，生成 1 个新的图层(overlay. shp)，包含 3 个图层的属性。

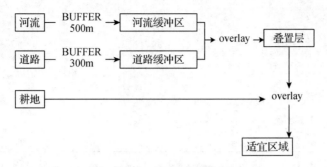

图 5-16　人工林种植区案例解决流程

④查询新图层(overlay. shp)，既不位于道路缓冲区，又没有落在河流缓冲区和耕地区的地域是可以考虑种植的地区。

>>>>>>>>>>>>>>>>>>>>>>>>> **思考题** <<<<<<<<<<<<<<<<<<<<<<<<<

1. 了解 GIS 中空间数据结构，栅格结构与矢量结构的区别。
2. 掌握空间分析的方法以及其适用的方面，明确它们之间的异同点。
3. 尝试自己查阅文献，将实际问题转化为空间分析的方法解决。

>>>>>>>>>>>>>>>>>>>>>>>>> **参考文献** <<<<<<<<<<<<<<<<<<<<<<<<<

陈忠琏 . 1997. 探索性数据分析[J]. 中国统计, 06.

汤国安 . 2010. ArcGIS 地理信息系统空间分析实验教程[M]. 北京：科学出版社 .

Hoaglin D C, Mosteller F, Tuke J W. 1999. 探索性数据分析[J]. 数理统计与管理, 06.

第 **6** 章
卫星导航定位技术

6.1 卫星导航定位的基本概念

6.1.1 基本概念

依靠数十颗导航卫星组成的导航星座,对地面、海面、空中的物体包括低轨航天器进行实时、连续、全天候的精确三维位置、三维速度和时间的测定的技术系统,称之为卫星定位导航系统。

6.1.2 常见的卫星定位系统

目前,常见的卫星定位系统有:

①美国的全球定位系统 GPS 全称为 Navigation Satellite Timing and Ranging/Global Positioning System,即授时与测距导航系统,简称 GPS 全球定位系统,是应用最广的全球业务化运行的卫星导航和定位系统。

②俄罗斯的全球导航卫星系统 GLONASS 全称 Global Navigation Satellite System。

③欧盟的伽利略系统 全称 Galileo satellite navigation system,于 2002 年正式启动。按照计划,伽利略系统由两个地面控制中心和 30 颗卫星组成,其中 27 颗为工作卫星,3 颗为备用卫星。定位导航系统的精度达到 10 ~ 15m。该系统目前只有 4 颗在轨卫星,因此,还不能实现 24h 全球定位导航。欧盟计划在 2016 年完成定位导航系统全部卫星的组网。

④中国的北斗导航系统[Beidou(Compass)Satellite Navigation System] Compass 是世界上第三个投入运行的卫星导航系统。系统由空间端、地面端和用户端组成,可在全球范围内全天候、全天时为各类用户提供高精度、高可靠定位、导航、授时服务,并具短报文通信能力,已经初步具备区域导航、定位和授时能力,平面定位精度优于 25m,高程 30m,授时精度优于 50ns。2012 年底,北斗导航业务正式对亚太地区提供无源定位、

导航、授时服务，引发了广泛的相关科学研究和技术应用热潮。2020 年将形成由 30 多颗卫星组网具有覆盖全球的能力。高精度的北斗卫星导航系统实现自主创新，既具备 GPS 和伽利略系统的功能，又具备短报文通信功能。北斗系统在汶川、舟曲的救灾过程中发挥了很大的作用，其定位和特有的短报文通信功能，可以及时把位置报给救灾指挥部。

由于 GPS 仍然是目前应用最为广泛的导航和定位系统，下面以 GPS 为例进行卫星定位导航技术介绍。

6.2　GPS 的发展历史

长期以来，准确定位敌我位置是各国军队迫切渴求的能力。在古代，即使是绘制非常粗糙的地图也是将帅的无价之宝。到了近代，具备等高线和经纬度的高精度地图成为主要的定位工具。

1957 年，前苏联第一颗人造卫星发射成功，人类的眼光又投向了天际。前苏联发射第一颗人造地球卫星的消息引起了美国的震动，给予了密切关注。在跟踪卫星的过程中，美国无意中发现当卫星飞近地面接收机时，收到的信号频率逐渐升高；而飞过远离时，频率逐渐降低的现象。这就是无线电信号的多普勒频移效应。这种现象使他们认识到，卫星的运行轨迹有可能通过卫星经过测量目标时的多普勒频移曲线来确定；反之，如果知道了卫星的精确轨迹，就能够确定接收机的位置。由此揭开了人类利用人造地球卫星进行导航定位的新纪元。

6.2.1　"子午仪"卫星导航系统

1958 年，为解决核潜艇在深海航行和执行军事任务需要精确定位的问题，美国海军开始研制军用导航卫星系统，命名为"子午仪计划"，也是 GPS 的前身。

从 1960—1964 年，美国先后发射了 4 颗"子午仪"军用导航卫星，组成"子午仪"卫星定位导航系统。其中，第一颗是"子午仪 1B"号，用来对导航卫星方案及其关键技术进行试验鉴定，并验证双频多普勒测速定位导航原理。由于卫星较少，轨道低，频率低，该系统定位误差较大，只能提供经纬度，不能给出高度和速度。

1967 年 7 月"子午仪"卫星导航系统组网实用并允许民用。1972 年开始执行"子午仪"改进计划（TIP），共发射 3 颗卫星，主要试验扰动补偿系统，大大提高了轨道预报精度。1981 年 5 月发射经过改进的实用型"子午仪"号卫星（NOVA）。1996 年，"子午仪"卫星导航系统退出历史舞台。

6.2.2　GPS 卫星导航系统

1973 年，美国国防部将海军和空军的不同定位需求及其改进方案整合，开始建立新一代的卫星导航系统，最初称为国防导航卫星系统（DNSS），不久改名为授时和测距导航卫星或者说是全球定位系统（Navigation Signal Timing and Ranging/Global Positioning System），也即后来的 GPS。授时功能是 GPS 的核心功能之一，中国的电信系统、金融系统、电力系统以及互联网领域曾经普遍使用GPS时钟。

1989年，第一颗GPS工作卫星成功发射。1990—1991年的第一次海湾战争中，美军装备的GPS系统展示相对于传统定位系统极为精确与方便的性能，引起了世人的瞩目。

1984年，为了确保美国国家安全，美国研究了防止地方对军用码进行干扰的AS（Anti-Spoofing）技术和降低民用码定位精度的选择可用性（Selective Availability，SA）技术。使用SA技术后，民用码定位精度降低到100m左右。1996年，美国政府承诺10年内中止使用选择可用性技术（SA）。2000年，美国履行承诺，取消了对GPS卫星民用信道的SA干扰信号，民用GPS的定位精度达到平均6.2m的实用化水平，从而掀起GPS产业和应用热潮。

6.2.3　第三代GPS

当前，第三代GPS Block Ⅲ正在研发。三代GPS可以在树下、室内以及遮蔽环境成功搜索到GPS信号，抗干扰能力更强，预计定位最高精度0.63m。

目前的GPS卫星未能做到军用频道和民用频道的彻底分离，在很长一段时间内，GPS的民用频段（C/A码）就是军用频段（P码）加上一些额外的干扰信号。新一代的GPSⅢ卫星彻底实现了民用频段和军用频段的分离。

6.3　GPS的特点

GPS可以提供全球性、全天候的连续实时的动态导航定位系统，为携带接收机的物体提供三维位置、三维速度和一维时间共七维的精确信息。相对于其他导航系统，GPS是唯一的全球地面连续覆盖，同时具备精度高、实时定位速度快、抗干扰性能好的优点。

6.4　GPS的组成

GPS由空间星座、地面监控系统和用户设备三部分组成（图6-1）。

空间星座由21颗工作卫星和3颗备用卫星共24颗卫星组成。24颗卫星分布在6个轨道面内，每个轨道3～4颗卫星。每条轨道与赤道面的夹角是55°，轨道平均高度为20 183km。每颗卫星每天约有5h在地平线以上，同时位于地平线以上的卫星数随时间和地点而异，最少4颗，最多11颗。卫星信号的传播和播放不受天气的影响。

地面监控系统由分布在全球的5个地面站组成，包括1个主控站和5个监控站，分别为美国本土的Colorado Spring（主控站）、印度洋的Diego Garcia，大西洋的Ascencion，太平洋的Kwajalein和夏威夷。主要功能是监测卫星运行状态，确定其轨道和星上原子钟的工作状态，传送需要传播的信息到各卫星上。

用户设备由GPS接收机主机、天线、电源和数据处理软件组成，如手持式GPS，接受卫星信号并计算接收机天线所在的三维地心坐标。

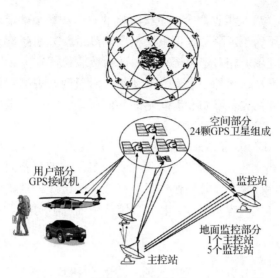

图 6-1　GPS 组成

6.5　GPS 的定位方式

按参考点位置的不同，GPS 可以分为单点定位（也称绝对定位）和相对定位（也称差分定位）两种。按接收机天线所处的状态不同，分为动态定位和静态定位。动态定位是指在定位过程中，接收机位于运动着的载体（如汽车、飞机和宠物等），天线也处于运动状态的定位。动态定位可测定一个动点的实时位置、运动载体的状态参数。如速度、时间和方位等。静态定位可靠性强，定位精度高，在大地测量、工程测量中得到了广泛的应用，是精密定位中的基本模式。

6.5.1　单点定位

单点定位条件下，用户使用接收机下载卫星信号码及载波相位，并提取传播的消息，将信号码与接收机产生的复制码匹配比较，确定接收机至卫星的距离。若计算出 4 颗或更多卫星到接收机的距离，再与卫星位置相结合，便可确定 GPS 接收机天线所在的三维地心坐标（WGS84 坐标）（图 6-2）。

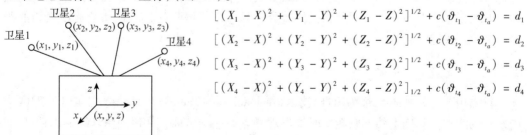

$$[(X_1 - X)^2 + (Y_1 - Y)^2 + (Z_1 - Z)^2]^{1/2} + c(\vartheta_{t_1} - \vartheta_{t_a}) = d_1$$

$$[(X_2 - X)^2 + (Y_2 - Y)^2 + (Z_2 - Z)^2]^{1/2} + c(\vartheta_{t_2} - \vartheta_{t_a}) = d_2$$

$$[(X_3 - X)^2 + (Y_3 - Y)^2 + (Z_3 - Z)^2]^{1/2} + c(\vartheta_{t_3} - \vartheta_{t_a}) = d_3$$

$$[(X_4 - X)^2 + (Y_4 - Y)^2 + (Z_4 - Z)^2]^{1/2} + c(\vartheta_{t_4} - \vartheta_{t_a}) = d_4$$

图 6-2　绝对定位原理

相对定位(差分定位)是根据两台以上接收机的观测数据来确定观测点之间的相对位置的方法，它既可采用伪距观测量也可采用相位观测量，大地测量或工程测量均应采用相位观测值进行相对定位。相对定位至少需要两台接收机固定连续同步观测，一台架设在已知点上，作为基准站，另外一台作为流动站。由于两站观测到同一组卫星，可以通过参考站计算误差，并消去基准站和流动站的共同误差，提高了定位精度，这就是位置差分原理(张显峰等，2014；杨杰，2014)。

根据差分 GPS(DGPS)基准站发送的信息方式可将差分 GPS 定位分为 3 类，即：位置差分、伪距差分和相位差分。这三类差分方式的工作原理是相同的，即都是由基准站发送改正数，由用户站接收并对其测量结果进行改正，以获得精确的定位结果。所不同的是，发送改正数的具体内容不一样，其差分定位精度也不同。

6.5.2　位置差分

这是一种最简单的差分方法，任何一种 GPS 接收机均可改装和组成这种差分系统。安装在基准站上的 GPS 接收机观测 4 颗卫星后便可进行三维定位，解算出基准站的坐标。由于存在着轨道误差、时钟误差、SA 影响、大气影响、多径效应以及其他误差(徐于月等，2008；谢世杰等，2000；甄卫尼等，1998)，解算出的坐标与基准站的已知坐标是不一样的，存在一个差值。基准站利用数据链将此改正数发送出去，由用户站接收，并且对其解算的用户站坐标进行改正。

最后得到的改正后的用户坐标已消去了基准站和用户站的共同误差，例如卫星轨道误差、SA 影响、大气影响等，提高了定位精度。以上先决条件是基准站和用户站观测同一组卫星的情况。位置差分法适用于用户与基准站间的距离在 100km 以内的情况。

6.5.3　伪距差分

伪距差分是目前用途最广的一种差分技术。几乎所有的商用差分 GPS 接收机均采用这种技术。在基准站上的接收机要求得到它至可见卫星的距离，并将此计算出的距离与含有误差的测量值加以比较。利用一个 $\alpha - \beta$ 滤波器将此差值滤波并求出其偏差。然后将所有卫星的测距误差传输给用户，用户利用此测距误差来改正测量的伪距。最后，用户利用改正后的伪距来解出本身的位置，就可消去公共误差，提高定位精度。

与位置差分相似，伪距差分能将两站公共误差抵消，但随着用户到基准站距离的增加又出现了系统误差，这种误差用任何差分法都是不能消除的。用户和基准站之间的距离对精度有决定性影响。

6.5.4　载波相位差分

载波相位差分技术又称为 RTK 技术(real time kinematics)，是建立在实时处理两个测站的载波相位基础上的。它能实时提供观测点的三维坐标，并达到厘米级的高精度。

与伪距差分原理相同，由基准站通过数据链实时将其载波观测量及站坐标信息一同传送给用户站。用户站接收 GPS 卫星的载波相位与来自基准站的载波相位，并组成相位差分观测值进行实时处理，能实时给出厘米级的定位结果。

实现载波相位差分 GPS 的方法分为两类：修正法和差分法。修正法与伪距差分相同，基准站将载波相位修正量发送给用户站，以改正其载波相位，然后求解坐标。差分法将基准站采集的载波相位发送给用户机进行求差解算坐标。修正法为准 RTK 技术，差分法为真正的 RTK 技术。

6.6　局域和广域 GPS 差分系统

局域差分是在局部区域内布设一个 GPS 差分网，网内由若干个差分 GPS 基准站组成，通常还包含至少 1 个监控站。处于该局域内的用户可根据多个基准站提供的改正信息，经平差后求得自己的改正数。它的作用距离一般在 200 ~ 300km 内。

局域差分 GPS 技术通常采用加权平均法或最小方差法对来自多个基准站的改正信息进行平差，求出自己的坐标改正数或距离改正数。

广域差分技术的基本思想是对 GPS 观测量的误差源加以区分，并对每一个误差源分别加以"模型化"，然后将计算出来的每一个误差源的误差修正值（差分改正值），通过数据通讯链传输给用户，对用户 GPS 接收机的观测误差加以改正，以达到削弱这些误差源的影响，改善用户 GPS 定位精度的目的。

广域差分主要模型化 GPS 定位的 3 类误差源：星历误差、大气延时误差和卫星钟差误差。

（1）广域差分 GPS 系统的工作流程
①在已知的多个监测站上，跟踪观测 GPS 卫星的伪距、相位等信息。
②监测站将所接受的信息全部传输到中心站。
③中心站计算出三项误差改正。
④将这些误差改正用数据通讯链传输给用户。
⑤用户根据这些误差改正自己观测到的伪距、相位、星历等信息，计算出高精度结果。

（2）广域差分 GPS 系统的特点
①用户的定位精度对空间距离的敏感程度比较小。
②投资少，经济效益好。
③定位精度较高，且分布均匀。
④可扩展性好。
⑤技术复杂，维护费用高，可靠性及安全性稍差。

6.7　北斗导航定位

随着北斗导航卫星数量的不断增加，定位能力和应用深度逐渐提高。下面简单介绍一下北斗导航定位的基本原理。

北斗卫星导航试验定位系统的系统构成有：两颗地球静止轨道工作卫星、地面中心站、用户终端。

北斗卫星导航试验定位系统的基本工作原理是"双星定位"：以 2 颗在轨卫星的已知坐标为圆心，各以测定的卫星至用户终端的距离为半径，形成 2 个球面，用户终端将位于这 2 个球面交线的圆弧上。地面中心站配有电子高程地图，提供一个以地心为球心、以球心至地球表面高度为半径的非均匀球面。用数学方法求解圆弧与地球表面的交点即可获得用户的位置。

北斗用户利用一代"北斗"定位的基本过程是：用户向地面中心站发出请求→地面中心站再发出信号到两颗卫星→经两颗卫星反射传至用户→最后，地面中心站通过计算两种途径所需时间完成定位。

一代"北斗"与 GPS 系统不同，对所有用户位置的计算不是在卫星上进行，而是在地面中心站完成的。因此，地面中心站可以保留全部北斗用户的位置及时间信息，并负责整个系统的监控管理。

由于在定位时需要用户终端向定位卫星发送定位信号，由信号到达定位卫星时间的差值计算用户位置，所以被称为"有源定位"。从 2005 年开始，我国实施新一代卫星导航系统的建设，这是与国际上 GPS/GLONASS/Galileo 系统类似的系统，称为无源定位系统。

6.8　卫星导航的林业应用

GPS 最早用于军事，可以进行精准打击、用于空战指挥和控制、指挥地面部队、用于扫雷等。在 GPS 免费使用以后，在民用领域飞速发展，主要用于汽车导航、城市交通管理、抢险救援、地震预报、大坝及地面沉降的监测和精准农林业等。下面主要介绍面向林业应用的 GPS 案例。

将 GPS 测量技术应用在林业工作中，能够快速、高效、准确地提供点、线、面要素的精密坐标，完成森林调查与管理中各种境界线的勘测与放样落界，成为森林资源调查与动态监测的有力工具。

GPS 技术在确定林区面积，估算木材量，计算可采伐木材面积，确定原始森林、道路位置，对森林火灾周边测量，寻找水源和测定地区界线等方面可以发挥其独特的重要的作用。在森林中进行常规测量相当困难，而 GPS 定位技术可以发挥它的优越性，精确测定森林位置和面积，绘制精确的森林分布图。

6.8.1　森林调查、资源管理

（1）测定森林分布区域

美国林务局根据林区的面积和区内树木的密度来销售木材。对木材面积的测量闭合差必须小于 1%。为了评估 GPS 测量面积的准确度，在林区同时进行了经纬仪面积测量和 GPS 定位测量与偏差纠正，结果表明 GPS 的面积误差为 0.03%，因此，只要利用 GPS 技术和相应的软件沿林区周边使用直升飞机就可以对林区的面积进行快速准确测量。当前快速发展的农林业无人机平台上，都配备了 GPS，可以进行区域边界坐标采集、路线规划巡航和自动返航等。

(2)样地复位

利用手持 GPS 可以进行省级或者局部固定监测样地的初设与复位。只需输入坐标，不需引点引线，且位置准确，效率高，复位率达 100%。在国家一类清查中，各省广泛采用 GPS(美国 GARMIN 公司的 12C 和 eTrex 较为常用)进行复位测定，取得了良好的效果，工作效率提高 5~8 倍，定位误差不超过 7m。在野外进行科学考察和定位研究中布设的样地，进行再次调查时，也可以通过 GPS 进行复位。天宝(Trimble)的 GEO-XT6000 手持亚米级 GPS 在东北林区可以获得免费的差分 GPS 信号，定位精度可以达到亚米，在进行样地定位上比普通 GPS 更为精准，便携性好。

(3)境界线伐开

利用手持 GPS 导航可以指导伐开境界线，如林班线的伐开和标桩确立。以往该类工作采用角规、拉线等方法，工作强度大，误差高，准确度低，进场需要返工，浪费严重。采用 GPS 后，利用其航迹记录和测角、测距功能，不但降低了劳动强度，而且准确度高，落图简便，极大地提高了效率。

(4)利用差分或测量 GPS 建立林区 GPS 控制网点

控制网点是林区今后各种工程测量作业必须参照位置，可用于手持导航 GPS 仪器的坐标误差修正，道路、农田、迹地等的勘测。

(5)制图

利用差分或测量 GPS 对林区各种境界线实施精确勘测、制图和面积求算。比如，基于 GPS 进行各种道路网、局界、场界和地类位置的图形绘制并求算面积，转绘于林业基本用图上，分米级别的精度可以有力支持森林资源动态变化监测。

(6)定界

利用差分或测量型 GPS 进行图面区划界线的精确现地落界，如两荒界、行政区界等。解决现地界线不清和标志位置不准的普遍存在的问题。

6.8.2　GPS 技术用于森林防火

利用实时差分 GPS 技术，美国林业局与加利福尼亚州的喷气推进器实验室共同制订了"FRIREFLY"计划。它是在飞机的环动仪上安装热红外系统和 GPS 接收机，使用这些机载设备来确定火灾位置，并迅速向地面站报告。另一计划是使用直升飞机、无人机或轻型固定翼飞机沿火灾周边飞行并记录位置数据，在飞机降落后对数据进行处理并把火灾的周边绘成图形，以便进一步采取消除森林火灾的措施。

采用手持 GPS 进行火场定位，火场布兵，火场测面积，火灾损失估算，精确度高，安全性强，能够实时、快速、准确地测定火险位置和范围，为防火指挥部门提供决策依据，已被国内外防火机构广泛采用。

6.8.3　GPS 在造林中的应用

(1)飞播

采用 GPS，利用 GPS 的航迹记录功能，飞行员可以轻松了解上次播种的路线，从而有效地避免重播和漏播。在飞行中按照预先设定好的航线工作，极大地降低了作业难度。

（2）造林分类、清查

利用 GPS 的航迹记录和求面积功能，林业工作人员很容易对新造林的分布和大小进行记录整理，同时了解采伐和更新的比例，进行标注，方便了林业的管理。

6.8.4　卫星导航在野生动物保护中的应用

（1）GPS 监测珍稀动物

澳大利亚詹姆斯·库克大学的研究人员将 GPS 定位器安放在 30 只幼年平脊海龟身上，在水下追踪这种大堡礁海域最为神秘的海龟。人类对这种数量珍稀的海龟知之甚少，不知道它们的习性，也不知道它们生活的海域。装上 GPS 定位器后就可以更清楚地了解它们。研究试验中的幼年海龟是在海边收集到的，进行人工养殖，喂食小鱼和婴儿食品，让它们的体重能够达到 300g，从而能承受 GPS 的重量。然后将它们放归大海，进行为期一年的追踪观察。

GPS 定位器是内置了 GPS 模块和移动通信模块的终端，用于将 GPS 模块获得的定位数据通过移动通信模块（GSM/GPRS 网络）传至 Internet 上的一台服务器上，从而可以实现在电脑上查询终端位置。利用这个原理，研究人员可以深入了解珍稀野生动物的活动轨迹和生活习性，从而加强珍稀野生动物的保护。

（2）北斗项圈

中国航天科技集团 772 所自主研发了"北斗卫星定位项圈"，首次将北斗卫星导航定位技术应用于青藏高原藏羚羊迁徙规律的研究。2013 年藏羚羊迁徙的壮观景象被中央电视台跟踪报道，其中，藏羚羊的迁徙路线就由北斗卫星记录和传送。

北斗卫星定位项圈利用北斗导航系统，采用自主研发的北斗基带处理芯片，通过有效的超低功耗系统方案，实现长时间精确定位和追踪记录功能。"北斗项圈"运用北斗导航特有的定位和短信功能，向卫星发回数据，传回该藏羚羊所处的经纬度、环境和高度等有效信息，解决了 GPS 等系统无法回传数据只能查询的问题，不仅提高了监测的频度、精度，还延长了监测的时间，电池有效时间长达 18 个月以上，完全足够监测藏羚羊一整年的迁徙路径。

（3）长距离种子的传播

马达加斯加果蝠（Madagascan flying fox），是非洲马达加斯加岛特有物种，体长 23.5~27cm，翼展 100~125cm，重量 500~750g。生活在热带或亚热带潮湿森林，是当地植物授粉和种子传播的重要媒介。

英国布里斯托大学（University of Bristol）的研究人员，通过 GPS 定位器追踪马达加斯加果蝠的摄食行为，分析植物种子长距离传播的路径。结果表明，果蝠以平均速度 9.13m/s 飞行，并且对剑麻和人工林等植物类型有强烈的偏好，证实了果蝠对长距离种子传播有贡献，对森林栖息地的恢复有重要作用。

由此可见，GPS 技术的普遍应用必将促进林业工作向着精确、高效、现代化的方向发展，是今后林业作业中必不可少的工具，如广泛使用一定会取得巨大的经济和社会效益。

>>>>>>>>>>>>>>>>>>>>>>>>> 思考题 <<<<<<<<<<<<<<<<<<<<<<<<<<

1. GPS 全球定位系统的作用是什么?
2. GPS 全球定位系统的特点是什么?
3. GPS 全球定位系统提供的两种定位方式是什么?
4. 举例详细说明 GPS 系统在本行业中的一个应用。

>>>>>>>>>>>>>>>>>>>>>>>>> 参考文献 <<<<<<<<<<<<<<<<<<<<<<<<<<

陈俊勇，刘经南，张燕平，等 . 1998. 分布式广域差分 GPS 实时定位系统[J]. 测绘学报，01：4 - 11.

刘传润 . 2008. 北斗卫星导航定位系统的功能原理与前景展望[J]. 中国水运(学术版)，01：165 - 166.

谢世杰，韩明锋 . 2000. 论电离层对 GPS 定位的影响[J]. 测绘工程，01：9 - 15.

徐于月，黄张裕，陈苏娟 . 2008. 电离层电子浓度总含量梯度对 GPS 差分定位精度的影响[J]. 测绘工程，02：30 - 33.

徐忠燕，张传定，刘建华 . 2007. 局域差分 GPS 的数学模型[J]. 测绘工程，03：23 - 26，30.

杨杰，张凡 . 2014. 高精度 GPS 差分定位技术比较研究[J]. 移动通信，02：54 - 58，64.

于海侠 . 2014. 基于北斗模块的智能车载终端原理与设计[J]. 天津科技，07：18 - 20.

张显峰，崔伟宏 . 2000. 运用差分 GPS 动态获取高精度土地资源变化数据的新技术[J]. 地球科学进展，05：609 - 613.

甄卫民，吴健，曹冲 . 1998. 电离层不均匀性对 GPS 系统的误差影响分析[J]. 电波科学学报(02).

Cai C, Pan L, Gao Y. 2014. A precise weighting approach with application to combined l1/b1gps/beidou positioning[J]. Journal Of Navigation, 67, 911 - 925.

Stansel T A, Jr, 王广俊 . 1979. 子午仪的现状及其未来[J]. 国外空间技术，01：57 - 75.

Li M, Qu L, Zhao Q, et al. 2014. Precise point positioning with the beidou navigation satellite system[J]. Sensors, 14, 927 - 943.

Ryszard Oleksy, Paul A. Racey, Gareth Jones. 2015. High-resolution GPS tracking reveals habitat selection and the potential for long-distance seed dispersal by Madagascan flying foxes Pteropus rufus[J]. Global Ecology and Conservation, 3：678 - 692.

第 **7** 章

可视化技术

可视化（Visualization）是利用计算机图形图像技术，将复杂的科学现象、自然景观及一些抽象的概念图形化的过程，目的是便于人们理解现象，发现规律和传播知识。它涉及计算机图形学、图像处理、计算机视觉、计算机辅助设计等多个领域，是研究数据表示、数据处理、决策分析等一系列问题的综合技术。

7.1　可视化基本概念

"Visualization"一词，来自英文的"Visual"，原意是视觉的、形象的，国内多译成"可视化"，也有译成"视觉化"。事实上，将任何抽象的事务、过程变成图形图像的表示都可以称为可视化。人们用可视化符号展现事物的方法可以追溯到远古时代，但作为学科术语，"可视化"一词正式出现于 20 世纪 80 年代。1987 年 2 月在美国国家科学基金会（National Science Foundation，NSF）召开的图形图像专题研讨会上，专题讨论组会后发表的正式报告给出了科学计算可视化（Visualization in Scientific Computing，VISC）的定义、覆盖的领域，并对可视化的需求、近期目标、远景规划和应用前景方面作了相应的阐述。这标志着"科学计算可视化"作为一个学科在国际范围内的确立。科学家们不仅需要通过图形图像来分析由计算机算出的数据，而且需要了解在计算过程中数据的变化。

数据可视化概念来源于科学计算可视化。随着计算机技术的发展，数据可视化概念已大大扩展，它不仅包括科学计算数据的可视化，而且包括工程数据和测量数据的可视化。学术界常把这种空间数据的可视化称为体视化（Volume Visualization）技术。近年来，随着网络技术和电子商务的发展，提出了信息可视化（Information Visualization）的要求。我们可以通过数据可视化技术，发现大量金融、通信和商业数据中隐含的规律，从而为决策提供依据。这已成为数据可视化技术中新的热点。近些年，可视化技术也大量应用到林业中。

7.2　可视化的功能与特点

7.2.1　可视化的功能

人类的创造性不仅取决于人的逻辑思维，而且取决于人的形象思维。可视化分析允许人类对大量抽象的数据进行形象化的分析，能从表面上看来是杂乱无章的海量数据中，找出其中隐藏的规律，为科学发现、工程开发、医疗诊断和业务决策等提供依据。举两个例子。首先，望远镜和显微镜放大和扩展了人类眼睛的功能，在天文学和生物发展中起到了至关重要的作用。其次，计算机断层扫描（CT）和核磁共振图像（MRI）技术和可视化技术的出现，使得获取人体内部数据的愿望成为现实，大大促进了医学的发展和普及。

因此，新的数据可视化工具，可以大大拓展我们的视野，让人类的视觉在人类的科学发现中发挥巨大的作用。

7.2.2　可视化的主要特点

怎样来分析大量、复杂和多维的数据呢？答案是要提供像人眼一样的直觉的、交互的和反应灵敏的可视化环境。因此，可视化技术的主要特点是：

（1）交互性

用户可以方便地以交互的方式管理和开发数据。

（2）多维性

可以看到表示对象或事件的数据的多个属性或变量，而数据可以按其每一维的值，将其分类、排序、组合和显示。

（3）可视性

数据可以用图像、曲线、二维图形、三维体和动画来显示，并可对其模式和相互关系进行可视化分析。

近年来，来自超级计算机、卫星、先进医学成像设备以及地质勘探的数据与日俱增，使数据可视化日益成为迫切需要解决的问题。

另一方面，计算机的计算速度迅速提高，内存容量和磁盘空间不断扩大，网络功能日益增强，并可用硬件来实现许多重要的图形生成及图像处理算法，这才有可能运用数据可视化技术，直观、形象地显示海量的数据和信息，并进行交互处理。

7.3　可视化的分类

根据处理对象和目的不同将可视化分为科学计算可视化、数据可视化、信息可视化和知识可视化四大类。

7.3.1　科学计算可视化

可视化技术最早运用于计算科学中，并形成了科学计算可视化（VISC）方向。VISC

将符号或数据转换为直观的几何图形，便于研究人员观察其模拟和计算过程，以便直观地观察分析数据、揭示出数据内在联系。例如，散点图可以帮助研究人员发现数据的相关性，直方图可以体现数据的统计分布特征，卫星运行轨道计算可以帮助分析卫星设计性能。最直观的三维可视化技术是一种利用计算机技术，再现三维世界中的物体，并能够表示三维物体的复杂信息，使其具有实时交互能力的一种可视化技术。例如，通过三维动态可视化仿真，开发出关于某一特定区域的地形地貌环境和火灾蔓延现场，使管理人员能够通过视觉效果对信息有直观的获取并能够做出相应决策。

VISC主要用于处理科研领域实验产生和收集的海量数据，力求真实的反应数据原貌，利于模拟将要开展的真实实验的进行。

科学计算可视化主要关注三维现象的可视化，如建筑学、气象学、医学或者生物学方面等系统，重点在体现光源等逼真渲染。

(1) 主要步骤

科学计算可视化主要过程有两步：建模和渲染。建模是把数据映射成物体的几何图元。渲染是把几何图元描绘成图形或图像。渲染是绘制真实感图形的主要技术。严格地说，渲染就是根据基于光学原理的光照模型计算物体可见面投影到观察者眼中的光亮度大小和色彩的组成，并把它转换成适合图形显示设备的颜色值，从而确定投影画面上每一像素的颜色和光照效果，最终生成具有真实感的图形。真实感图形是通过物体表面的颜色和明暗色调来表现的，它和物体表面的材料性质、表面向视线方向辐射的光能有关，计算复杂，计算量大。因此，工业界投入很多力量来开发渲染技术。

(2) 软硬件需求

可视化质量高低严重依赖于服务器硬件和软件水平。硬件主要是图形工作站和超级可视化计算机。图形工作站广泛采用RISC处理器和UNIX操作系统。具有丰富的图形处理功能和灵活的窗口管理功能，可配置大容量的内存和硬盘，具有良好的人机交互界面、输入/输出和网络功能完善，主要用于科学技术方面。

可视化软件一般分为3个层次。第一层为操作系统，该层的一部分程序直接和硬件打交道，控制工作站或超级计算机各种模块的工作，另一部分程序可进行任务调度，视频同步控制，以TCP/IP方式在网络中传输图形信息及通信信息。第二层为可视化软件开发工具，它用来帮助开发人员设计可视化应用软件。第三层为各行各业采用的可视化应用软件。大多数可视化工作一般都在图形工作站上进行，少数大型的、需要协同工作的可视化工作在超级图形计算机上进行。

美国硅图公司SGI(Silicon Graphics)是科学可视化技术的先驱之一。在强有力的高速图形硬件支持下，SGI推出了一系列功能强大的可视化软件开发工具，如IRISGL(图形库)、IL(图像库)、VL(视频库)、ML(电影库)、CASE Vision(软件工程可视化开发工具)等，其中IRISGL后来被工业界接受，成为业界开放式标准，称为OpenGL。OpenGL支持一种立即方式的接口，信息可以直接流向显示器。SGI还开发出许多OpenGL的应用程序接口(API)，如OpenGL Optimizer是一种多平台工具箱，提供高层次的构造、交互操作，在CAD/CAM/CAE和AEC的应用中提供最优的图形功能。OpenGL Volumizer是体渲染的突破性工具，便于对基于体素的数据集可视化。OpenGL Performer是实时三维图形渲染工具。OpenGL Inventor 是三维视景处理工具。OpenGL VizServer 是一种提供远程可视化服务的工具。自从 OpenGL 推出以来，已有 2000 多个三维图形应用软件在其上开发出来。如 A/W 公司的三维动画软件 Maya、PTC 公司的 CAD/CAM/CAE 应用软件 Pro/Engnieer。Landmark 公司的石油勘探与开发软件 R2003，MultiGen 公司的视景仿真软件 Paradigm 等。1995—1996 年，微软拒绝支持 OpenGL 新版本，转而发布 DirectX，在开发三维游戏上颇具优势。

在三维可视化开发方面，可以分为两种类型：底层 3D API 开发和利用二次开发平台开发。一般的二次开发平台都非常昂贵，而且脱离不了其运行环境。目前基于微机的主要底层 3D API 主要有 OpenGL、Direct3D 及 Clide。

仅就特点和性能而言，OpenGL 和 Direct3D 两种 3D API；可以说各有优劣，如 OpenGL 具有很好的跨平台性、与硬件无关性，而 Direct3D 提供的立即模式编程却允许应用程序充分利用 3D 硬件的特性开发出更高性能的 3D 应用程序，这种编程模式被许多高性能 3D 应用程序开发者采用。

（3）应用案例

清华大学计算机系在科学计算可视化技术方面基础雄厚，成果较多，其中两个典型的应用案例包括三维气象动态图像系统和虚拟外科手术系统。

三维气象动态图像系统在国家气象中心中期和短期数值预报产品中长期运用，可以清晰地看到气象物理量的分布特征和演变特点，能十分直观地了解大气的三维结构。

虚拟外科手术系统利用患者脑部的扫描数据重构并绘制出患者脑部的三维组织结构，构建虚拟现实系统。通过虚拟现实设备，系统可以创造一个虚拟手术环境和虚拟病人。医生利用安装在机械臂上的手术器械完成立体定向神经外科手术。在这个虚拟环境中，医生可以进行虚拟手术，对医生以后的诊断和手术起到培训和教学的作用。

7.3.2　数据可视化

一般用于处理数据库和数据仓库中储存的数据，目的在于以可视化的方式呈现数据，利于使用者观察。

数据可视化的主要技术有：

（1）基于几何的可视化技术

此技术包括散点图、剖面图、平行坐标法、球面图以及星形坐标法等。该技术主要通过几何学的方法来表示数据。

以星形坐标法描述林分特征（图 7-1）为例，它可以在二维平面上显示出 n 维的空间数据，包括断面积、蓄积量、郁闭度、平均树高、叶面积指数（LAI）、叶倾角分布（LAD）等。其原理是将 n 维的空间数据参照建立的坐标轴映射到二维平面上，每一维对应到一条坐标轴上，坐标轴在平面上交于一点。映射之后，n 维的空间数据通过二维平面上的

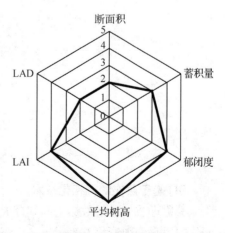

图 7-1　星形坐标法

一个点来表示。

（2）基于像素的技术

通过一个屏幕像素来表示一个数据项，针对不同的可视化对象采取不同的方式来安排像素，最终能够对数据局部关系、依赖性和热点分布情况提供较为详细的信息。以某林场的小班为例（图7-2），计划分析4个因素：平均树高、总蓄积量、海拔和郁闭度，现在通过像素可视化技术分析树高与其他属性之间的相关性。首先，按照树高排序绘制小班平均树高[图7-2(a)]，然后按照对应的排序绘制蓄积量、海拔和郁闭度等。可以看出，蓄积量和树高相关性很好[图7-2(b)]，海拔居中的树高居中[图7-2(c)]。郁闭度和树高关系不明显[图7-2(d)]。

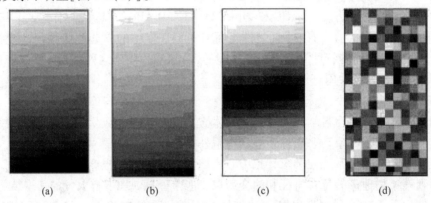

图7-2　对小班排序绘图

（a）平均树高　（b）蓄积量　（c）海拔　（d）郁闭度

（3）基于图标的技术

其原理是通过一个图标的各个部分来表示 n 维的空间数据。图标可以是"枝形图"、"针图标"、"星图标"和"棍图标"等。该技术适用于那些在二维平面上具有较好展开属性的 n 维的空间数据集。图7-3中采用了不同大小和类型的图标分别表示不同的数据内容。这些图标也可以换成箭头、人物线条、人脸图等。

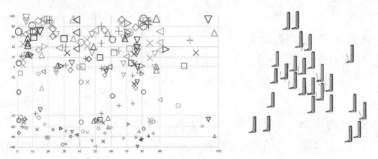

图7-3　图标数据可视化示意

（4）基于层次的可视化技术

其原理将 n 维的数据空间划分成若干子空间，同样以层次结构的方式组织这些子空间，并用平面图形将其表示出来。该技术主要用于那些具有层次结构的数据，如文件目录、单位编制结构数据等。层次树(hierarchy tree)和树图(tree-map)是其代表技术(图 7-4)。树图把层次数据显示成嵌套矩形的集合。大的矩形为一个大类别，可以用不同颜色的矩形表示。在每个类别内(即在最顶层每个矩形内)，可以进一步划分成较小的子类别，采用不同的大小或者颜色表示。

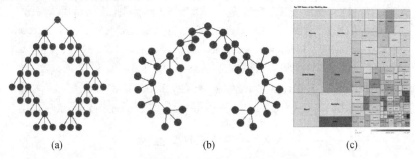

(a)　　　　　　　　　　(b)　　　　　　　　　　(c)

图 7-4　树状结构(a，b)和树图结构(c)

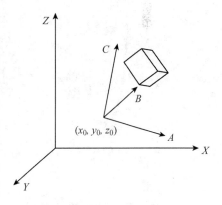

另外一个代表性的层次可视化技术是"世界中的世界(Worlds-within-Worlds)"，又称 n-Vision，是把所有维划分成子集(即子空间)，这些子空间按层次可视化。

例如，我们想对 6 维数据集可视化，可以把某 3 个维度作为外世界的 X，Y 和 Z 轴，另外 3 个维度作为内世界的 3 个轴(图 7-5)。外世界取某一点 (x_0, y_0, z_0) 后可以该点为内世界坐标系原点，绘制另外 3 个维度 (A, B, C) 的三维图。用户可以在外世界中交互地改变内世界原点的位置，然后动态观察内世界的变化结果。用户可以同时改变内世界和外世界使

图 7-5　世界中的世界(n-Vision)

用的维，也可以使用更多的世界层，这就是该方法称作"世界中的世界"的原因。

7.3.3　信息可视化

可视化技术还可用于抽象信息的图形图像表示，将不具有几何属性和空间属性的信息转化为一种可视化形式以方便观察，如最简单的各种曲线、统计图、基于文本数据的各种报表等。这种可视化称为信息可视化(Information Visualization)。

其目的主要在于让使用者方便地发现数据内部隐藏的规律。抽象层次较高。信息可视化的对象包括：一维数据、二维数据、三维数据、多维数据、时态数据、层次数据和网络数据等。

(1) 非数值数据的可视化

早期的数据可视化技术主要用于数值数据。近年来，越来越多的非数值数据可视化引起了更多关注。例如，标签云(tag cloud)就是用户产生的标签的统计量的可视化。在标签云中，标签通常按字母次序或用户指定的次序列举，标签的大小表示该标签被不同的用户用于该术语的次数，即标签的人气。标签云技术就是信息可视化的代表之一(图

7-6）。另一个案例是应用树结构来表示生命的演化（图7-7），包括进化论的树状谱系和欧洲分子生物学实验室（European Molecular Biology Laboratory）的研究人员利用基因组数据建立的一个能自动化更新（automatable procedure）的"生命之树"（Tree of Life）图谱。

chicago china christmas church city clouds color concert cute dance day de c
england europe fall family fashion festival film florida flower flowers f
football france friends fun garden geotagged germany girl girls graffiti green
halloween hawaii holiday home house india iphone ireland island italia italy japan july
lake landscape light live london love macro me mexico model mountain mountains r
music nature new newyork newyorkcity night nikon nyc ocean old pa
park party people photo photography photos portrait red river rock san

图7-6 标签云可视化效果

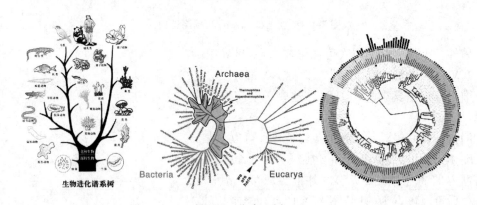

生物进化谱系树

图7-7 生命之树

（2）信息可视化及其框架

信息可视化主要是指利用计算机支撑的、交互的对非空间的、非数值型的和高维信息的可视化表示，以增强使用者对其背后抽象信息的认知。信息可视化技术已经在信息管理的大部分环节中得以应用，如信息提供的可视化技术、信息组织与描述以及结构描述的可视化方法、信息检索和利用的可视化等。

信息可视化的框架技术还可以分为3种：映射技术、显示技术和交互控制技术。映射技术主要是降维技术，如因素分析、自组织特征图、寻径网（Pathfinder）、潜在语义分析和多维测量等。显示技术把经过映射的数据信息以图形的形式显示出来，主要技术有：Focus + Context、Tree-map、Cone Tree 和 Hyperbolic Tree 等。交互控制技术通过改变视图的各种参数，以适当的空间排列方式和图形界面展示合理的需求数据，从而达到将尽可能多的信息以可理解的方式传递给使用者，主要技术有：变形、变焦距、扩展轮廓、三维设计和 Brushing。

信息可视化的典型工具有：Prefuse、CiteSpace、VitaPad 和 IVT。

（3）Prefuse 与 Flare

Prefuse 是一个基于 Java 的交互式可视化工具，用于构建交互式信息可视化应用程序。其支持丰富的一套功能特性，涉及数据建模、可视化以及交互。针对表、图形、树状结构以及一系列布局和视觉编码技术，Prefuse 对相应的数据结构进行了优化；并且，同时它还支持动画、动态查询、一体化搜索以及数据库连接。

Prefuse 的框架包括 3 个部分：数据、可视表和视图。首先，将抽象数据过滤为可视化内容，然后利用显示技术(位置、颜色、大小、字体等)将可视表转化为视图，最后呈现给用户(图 7-8)。

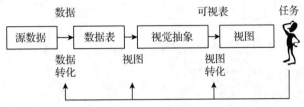

图 7-8　Prefuse 的结构框架

Flare 是加利福尼亚大学伯克利分校(University of California，Berkeley)可视化研究实验室所开发的一个面向 WEB 数据可视化应用的、开源的项目，它的前身就是 prefuse。

与它的前身 prefuse 不同，flare 是一个 ActionScript 库，运行于 Adobe Flash Player 之上，可以与当下十分流行的 FLEX 开发工具结合进行十分炫丽的数据可视化工作。从基本的图表到复杂的交互式图形，这个工具包提供包括数据管理、可视化编码、动画和交互技术等一系列支持。更重要的是，flare 提供的模式化的设计可以让开发者免去很多不必要的重复性工作而建立一些定制好了的可视化技术。Flare 是一个遵从 BSD license 的开源软件。用户可以从它的官方网站(http：//flare. prefuse. org)上获得更多的信息。

7.3.4　知识可视化

知识可视化(Knowledge Visualization)主要是指通过可视化技术来构建和传递各种复杂知识的一种图解手段，以提高知识在目标人群中的传播效率。

知识域可视化(Knowledge Domain Visualization)是指对基于领域内容的结构进行可视化，通过使用多种可视化的思维，发现、探索和分析技术从知识单元中抽取结构模式并将其在二维或三维知识空间中表示出来，即对某一知识领域的智力结构的可视化。

如图 7-7 Tree View 知识域可视化技术可以帮助使用者快速进入新的知识领域，并对其有一个总体上的直接理解，能使使用者更加高效地认识到感兴趣的领域概念及概念间的关系。

目前知识域可视化的研究对象具体表现为对某知识领域的科技文献，一个知识域可以用一组词来限定。研究方法主要有共引法、共词法、空间向量矩阵、自组织特征图和寻径网等。

根据应用领域，可视化可以分为地理可视化、数据挖掘可视化、网络数据可视化、社交可视化、交通可视化、文本可视化、生物医药可视化、林业可视化等。依据应用范围及其复杂程度差异，可以将林业可视化技术分为单木可视化技术、森林场景可视化技术和森林景观系统可视化技术等 3 个方面。下面重点介绍林业可视化。

7.4 林业可视化

根据应用尺度不同，林业可视化可以分为单木、森林场景和景观系统。在不同层次对林木的细节处理不同，但是用到的建模和渲染步骤是相似的。首先以单木可视化为例进行阐述。

7.4.1 单木可视化

常见的单木可视化基本步骤如下：

(1) 采集样木结构参数

如图7-9所示，样木结构参数采集包括基本信息(树种、胸径、树高、冠幅)、树干信息(干形曲线)、枝条信息(分枝规律、长度、大小、方位、弯曲)和树叶(叶片形状)。根据季节和树种不同，还可能包括果实和花。

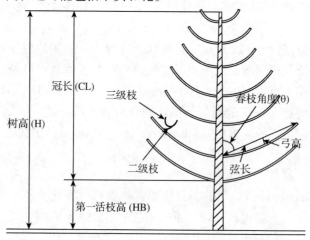

图7-9　单木可视化所需基本信息采集示意(常敏，2005)

(2) 林木三维建模

根据结构参数，将树干、树枝、树叶拟合为大量面片、圆柱体、圆台或圆锥体等即可，为渲染作准备。根据干形曲线，树干可以采用一系列圆台拟合。树枝较多，逐一利用拟合曲线进行圆台拟合工作量太大。这里就需要应用枝条分支的自相似规律，采用分形或者L系统方法迭代生成(图7-10)。例如，某个树种总是一根主枝条分出两根子枝条，然后每个子枝条又分为两根子枝条，分出的枝条半径、倾角和长度与主枝条总是存在一个比例关系。这种情况就是自相似。在迭代过程中，每根枝条同时转化为面元或者体元。树叶表面可以通过三角化面片精确拟合。但是如果是针叶，拟合的数据量太大，通常采用一个矩形加上贴图来代表一簇针叶实现较好的视觉效果。

(3) 林木渲染

基于OpenGL图形库，选择软件开发工具(如VC^{++})，就可以实现三维显示，设置光影效果。演染效果如图7-11(a)所示。

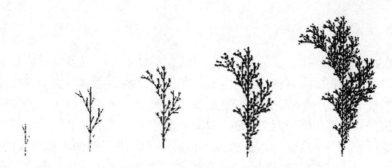

图 7-10 L 系统方法叠代 5 次结果

(4) 环境建模和渲染

地形起伏选择数字高程模型或者随机地形模型[图 7-11(b)]。天空、云彩、雾等效果可以通过面元贴图实现[图 7-11(c)]。

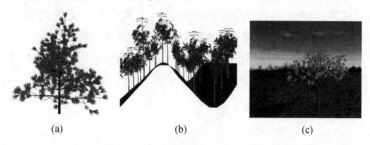

(a)   (b)   (c)

图 7-11   渲染后的林木效果

(a)针叶树顶部受害颜色渲染   (b)地形起伏   (c)光影和环境渲染

7.4.2 景观可视化

在景观尺度上，Google Earth 已经可以实现海量遥感数据显示，包括放大、缩小、倾斜、漫游和旋转等功能。并且可以实现三维地形浏览，通过叠加 DEM 数据，将地形地貌以三维形式显示出来(图 7-12)。通过构建三维景观场景，基于光线辐射传输方法(如光线跟踪和辐射度)，可以准确而形象地模拟卫星的不同观测效果[图 7-12(b)、(c)]这些图像也可以叠加到 DEM 或者上裁到 Goolge Earth 上进一步可视化观察。

(a)   (b)   (c)

图 7-12 景观尺度可视化

(a)Google Earth 三维地形浏览   (b)林区遥感垂直观测模拟效果

(c)林区模拟遥感倾斜观测效果

7.4.3　森林火灾可视化

森林火灾具有突发性强、蔓延迅速、不易控制的特点，一旦发生火灾将会带来巨大的损失。监测和预报森林火灾就成为林业建设的重点。林火蔓延仿真与可视化长期以来都是以二维形式来表现，主流的林火蔓延仿真或可视化技术主要有基于元细胞自动机的模拟和基于惠更斯原理的模拟两类。随着计算机技术、地理信息系统技术不断地发展以及在林业中应用的越来越广泛，人们已经不再局限于二维简单的模拟林火的蔓延过程，开始尝试使用虚拟现实和多维可视化技术来建立一个多维虚拟可视化平台实现林火燃烧和蔓延系统。系统通过卫星定位等手段标定火场位置，应用三维可视化的方式模拟出火场及火场周边的地理情况，将逼真丰富的火场信息及时呈现在管理者面前，并能模拟预测林火燃烧和蔓延过程、危害程度以及采取所需的扑救措施等。

在 Rothermel 林火蔓延模型和 Huygen 的原理实现火灾的蔓延的基础上，张超（2008）应用三维地理信息系统平台、李建微等（2005）应用改进的粒子系统将火灾以三维可视化的形式表现出来（图 7-13）。姚林强等（2007）根据林火自身的燃烧机理，提出了基于变形粒子系统的林火可视化表达方法（图 7-14）。曾行吉等（2008）以广西气象局林火识别数据为数据源，探讨了基于组建 GIS 实现林火遥感信息可视化的技术和方法。董晓非（2010）从多智能体的角度研究森林火灾的蔓延模拟。

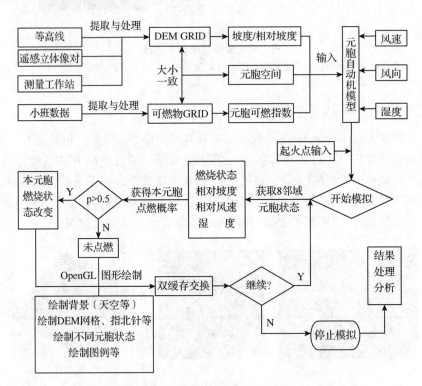

图 7-13　基于曲面元胞自动机模型的火灾可视化模拟技术流程

这里展示一个参照 Rothermel 的林火蔓延模型的元细胞自动机火灾模拟案例（黄华国，2004）。该模型是一个三维模型，综合考虑森林的材质、燃料湿度、空气温度、风速、风向、地形坡度等因素的影响，利用 DEM 提供的空间数据，建立基于元胞自动机的林火蔓延模型，并选用合适的三维显示技术分别从宏观上模拟林火的蔓延趋势、从微观上形象地模拟林火的行为，最终形成了一个完整有效的林火模拟软件系统（图 7-13）。模拟的林火三维效果和蔓延形状见图 7-14 和图 7-15。

图 7-14　林火蔓延的三维模拟效果

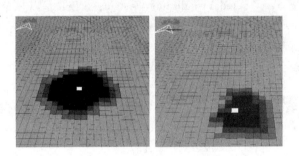

图 7-15　无风和有风条件下的圆形火场

7.4.4　森林经营管理可视化

森林资源经营管理（forest resource management）也可以称为森林经营管理（forest management）。在我国，森林经营管理的主要内容包括对森林资源进行的区划、调查、编制计划（或规划）、森林的经营决策和森林资源信息管理等。可视化技术可以帮助森林经营决策，具体可以根据森林资源经营管理的主要内容，设计实现森林经营可视化平台。

森林经营可视化包括林分三维可视化、森林生长建模可视化和森林经营活动可视化等。三维森林生长建模可视化需要可视化首先需要构建三维场景。通过读取研究区域的（DEM）可以构建三维地形，读取林相图可以获取小班的整体信息，依据土地利用图来获得试验区中各种对象的位置及分布范围；再根据当地的条件设计适当的林分结构规律和树木分布状况，就可以应用计算机建模与可视化技术构建虚拟的三维森林场景。森林生长建模可视化需要针对主要树种、森林类型和林分条件进行林分生长和收获预估模拟，实现反演过去、再现现实、预测未来的森林动态生长变化过程，具有沉浸感、交互式森林经营、管理、规划等功能。经营管理者还可以通过预先建立的平台进行经营活动(如采伐)模拟，综合各种管理方案来预测经营管理的效益，对经营方案进行优化，减少经营风险。

比较成熟的系统如美国的景观管理系统(Landscape Management System，LMS)。该系统能够实现林分生长模拟、专题图分析、数据统计、林分可视化和景观可视化、辅助进行景观分析和森林生态系统规划等。通过可视化可以帮助展示面向森林经营管理的虚拟森林经营，包括森林生长、森林漫游、小班属性查询、抚育间伐模拟等功能，可以帮助预测不同经营方案下的未来的森林景观。

美国森林植被模型(Forest vegetation smiulator，FVS)(图7-16)是美国农业部林务局主持的全国性预测森林生长和收获的模型系统，由位于科罗拉多州Fort Collins的森林管理服务中心负责开发、维护和提供技术支持。FVS被广泛地用于评价林分的现况，预测不同经营管理方式下林分未来的动态变化。通过FVS，森林经营管理者能够知道各种经营管理活动对林分结构和组成的作用效果，评价林分作为野生动物栖息地的适宜性，评价病虫害爆发和火灾的危险等级和预测虫害及火灾发生后森林的损失量。另外，FVS与各种森林数据库和地理信息系统相互联系，便于用户对于各种数据的获取和利用。

林分可视化系统SVS(Stand Visualization System，SVS)是以林分个体因子汇总表产生三维图形方式，展示林木个体和林分空间格局。这种产生的抽象化的可视化图形可以很好地让管理者了解和明了林分空间格局的现实状况和动态变化。以此为依据分析经营措施、调节经营过程、实施经营技术、获得经营效果。

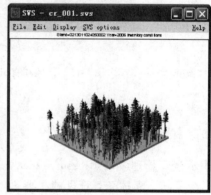

图7-16　FVS和SVS的界面

以FVS自带的针叶混交林示例，进行森林生长模拟的可视化模拟。图7-17模拟了一个林分从2006—2106年，每隔50年的生长模拟。可以显著观察到林木的高生长、部分林木的消亡。

另外，可视化技术在森林病虫害防治、生态建设以及林业技术培训等方面应用潜力巨大，也将会给相关的研究领域带来巨大的变革。

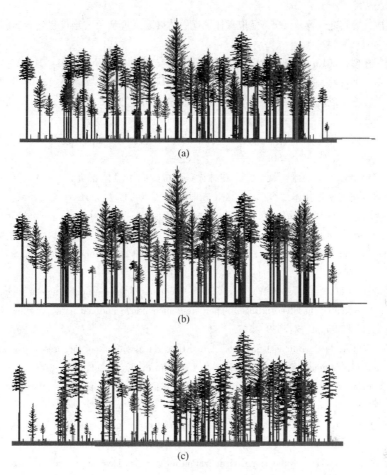

图 7-17　2006—2206 年针叶混交林 100 年的生长模拟效果

（a）2006 年　（b）2056 年　（c）2106 年

>>>>>>>>>>>>>>>>>>>>>>>>> **思考题** <<<<<<<<<<<<<<<<<<<<<<<<<

1. 可视化是什么? 结合生活中实例加以理解。

2. 信息可视化技术是什么?

3. 结合自己的研究方向或者感兴趣方面，与可视化结合，可以实现怎样的效果?

4. 了解林业可视化是如何实现的，有什么作用?

>>>>>>>>>>>>>>>>>>>>>>>>> **参考文献** <<<<<<<<<<<<<<<<<<<<<<<<<

常敏. 基于实测数据和经验模型的单木可视化研究[D]. 北京林业大学，2005.

董晓非. 2010. 基于多智能体的森林火灾蔓延模拟[J]. 安徽农学通报，16(9)：202-208.

冯益明，吴波，卢琦，等. 2010. LMS 及其在我国森林经营中的应用[J]. 西北林学院学报，05：136-139.

黄华国. 基于3D 元胞自动机模型的林火蔓延模拟研究[D]. 北京林业大学，2004.

冷文芳，代力民，贺红士，等. 2008. 三维可视化软件在辽东山区森林生态系统管理中的应用[J]. 应用生态学报，07：1437-1442.

李建微，陈崇成，於其之，等. 2005. 虚拟森林景观中林火蔓延模型及三维可视化表达[J]. 应用生态学报，16(5)：838 – 842.

刘海，张怀清，林辉. 2010. 森林经营可视化模拟研究[J]. 世界林业研究，01：21 – 27.

唐伏良，张向明，茅及愚，等. 1997. 科学计算可视化的研究现状和发展趋势[J]. 计算机应用(3).

姚林强，唐丽玉，陈崇成. 2007. 基于变形粒子系统的林火可视化技术研究[J]. 计算机仿真，24(8)：209 – 212.

曾行吉，童新华，何立等. 2008. 基于组件 GIS 技术的林火遥感信息可视化研究[J]. 广西师范学院学报(自然科学版)，25(2)：77 – 80.

张超. 2008. 基于 WebGIS 的三维可视化技术在林火蔓延中的应用[J]. 黑龙江科技信息，8：82.

张敏. 森林经营可视化模拟技术研究[D]. 北京林业大学，2009.

Brodlie K, Brooke J, Chen M, et al. . 2005. Visual supercomputing：Technologies, applications and challenges [J]. Computer Graphics Forum, 24：217 – 245.

Eick S G. 1994. "Graphically displaying text" [J]. In：Journal of Computational and Graphical Statistics, 3：127 – 142.

Eshleman K N, Fiscus D A, Castro N M, et al. . 2001. Computation and visualization of regional-scale forest disturbance and associated dissolved nitrogen export from shenandoah national park, virginia[J]. The Scientific World Journal, 1 Suppl, 2：539 – 547.

Falcao A O, dos Santos, M P, Borges J G. 2006. A real-time visualization tool for forest ecosystem management decision support[J]. Computers And Electronics In Agriculture, 53：3 – 12.

Jeffrey Heer, Stuart K. Card, James Landay. 2005. "Prefuse：a toolkit for interactive information visualization" [J]. In：ACM Human Factors in Computing Systems CHI.

Letunic I. 2007. Interactive Tree Of Life (iTOL)：an online tool for phylogenetic tree display and annotation (Pubmed)[J]. Bioinformatics. 23(1)：127 – 8. doi：10. 1093/bioinformatics/btl529.

Lim E M, Honjo T. 2003. Three-dimensional visualization forest of landscapes by vrml[J]. Landscape And Urban Planning, 63：175 – 186.

Linsen L, Van Long T, Rosenthal P, et al. . 2008. Surface extraction from multi-field particle volume data using multi-dimensional cluster visualization[J]. Ieee Transactions On Visualization And Computer Graphics, 14：1483 – 1490.

Mccormick B H, Defanti T A, Brown M D, et al. . 1987. Visualization in Scientific Computing[J]. Computer Graphics, 12(6)：1103 – 1109.

Schwaerzel K, Ebermann S, Schalling N. 2012. Evidence of double-funneling effect of beech trees by visualization of flow pathways using dye tracer[J]. Journal Of Hydrology, 470：184 – 192.

Stoltman A M, Radeloff V C, Mladenoff D J. 2004. Forest visualization for management and planning in wisconsin[J]. Journal Of Forestry, 102：7 – 13.

第 **8** 章

网络技术与信息服务技术

2015 年,"互联网 +"席卷各行各业。网络技术成为一种生产力工具,给每个行业带来效率的大幅提升。"互联网 +"也将促进林业现代化,推进智慧林业。

8.1 互联网

8.1.1 计算机网络

由地理位置不同、并具有独立功能的多个计算机系统通过通信系统和线路连接起来、以功能完善的网络软件实现网络中资源共享的系统,称为计算机网络。包括多台计算机、通信通道和网络操作系统 3 个要素。

在网络中,每个计算机可能扮演不同角色。网络工作站(Workstation)是计算机网络的用户终端设备,通常是 PC 机,主要完成信息浏览和桌面数据处理等功能。在客户/服务器网络中,网络工作站称为客户机(Client)。网络服务器(Server)是可以被网络工作站访问的计算机系统,通常是一台高性能计算机。网络服务器包括各种网络信息资源,并负责管理资源和协调用户对资源的访问。

每台网络工作站都应安装一个网络接口卡(NIC),通常简称为网卡,一般插在计算机扩展槽中,通过电缆实现在计算机局域网交换设备之间高速传输数据。在局域网中,包括两类电缆,一类用于连接网络工作站和局域网交换设备的用户线电缆(在综合布线系统中称为水平电缆);另一类用于局域网交换设备之间互连的中继线电缆(在综合布线系统中称为主干电缆)。

8.1.2 发展历史

虽然计算机网络是出现在计算机之后,但至今也有几十年的发展历史,整个计算机网络的发展历史,到目前为止可以分为 4 个基本时期。目前的计算机网络通常被称为第四代计算机网络。

(1)远程联机阶段

第一代计算机网络是以单个计算机为中心的远程联机系统，分时系统允许用户通过只含显示器和键盘的终端来使用主机。多终端通过电话线和主机相连。

(2)计算机互联阶段

以多个主机通过通信线路互联起来，为用户提供服务，兴起于 60 年代后期，典型代表是美国国防部高级研究计划局协助开发的 ARPAnet，最初仅连接了 4 个节点。这个计算机互联的网络系统是一种分组交换网。分组交换技术使计算机网络的概念、结构和网络设计方面都发生了根本性的变化，它为后来的计算机网络打下了基础。

(3)标准化系统阶段(第三代计算机网络)

通过 OSI(Open System Internet Basic Reference Model)开放系统互连基本参考模型互联；也称为七层模型，包括物理层，数据链路层，网络层，传输层，会话层，表示层和应用层(图 8-1)，被公认为新一代计算机网络体系结构的基础，为普及局域网奠定了基础。

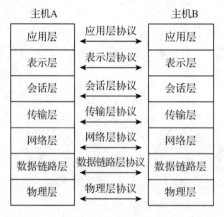

图 8-1　OSI 七层模型

(4)网络互联与高速网络阶段(第四代计算机网络)

局域网技术发展成熟，出现光纤及高速网络技术，多媒体，智能网络，整个网络就像一个对用户透明的大的计算机系统，发展为以 Internet 为代表的互联网。

进入 20 世纪 90 年代，计算机技术、通信技术以及建立在计算机和网络技术基础上的计算机网络技术得到了迅猛的发展。特别是 1993 年美国宣布建立国家信息基础设施 NII 后，全世界许多国家纷纷制定和建立本国的 NII，从而形成了现在的 Internet 网，使计算机网络进入了一个崭新的阶段。

互联网时代进一步可以分为 3 个发展阶段：学术互联网时代、生活互联网时代和产业互联网时代。1995 年以前，互联网的发展主要是由学术科研力量驱动，万维网(WWW)的出现是一个标志性的成果。1995 年以后，随着互联网技术的快速发展，搜索引擎、电子商务和社交网络深刻改变了人们的衣食住行娱乐等消费领域。2007 年，移动互联网出现，人们的生活方式更加离不开互联网。随着云计算、物联网和大数据的逐步成熟商用，互联网越来越多地提供生产服务，即为生产制造企业提供配套服务。互联网同传统的制造、能源、医疗、教育、交通等产业的结合越来越紧密。于是，互联网同传统产业的结合形成了产业互联网，也催生了"互联网＋"的概念。

8.1.3　计算机网络分类

（1）按照覆盖范围分类

①局域网（Local Area Network，LAN）　覆盖范围较小，一般从几十米到几公里，典型的在办公室，办公楼里使用。局域网的特点是传输速率高，组网灵活，成本低。

②城域网（Metropolitan Area Network，MAN）　覆盖范围从几公里到几十公里，通常是一座城市，而且具有较高的传输速率，通常城域网是有政府和大型集团组建，例如，城市信息港，它作为城市的基础设施，为公众提供服务，目前许多城市都在规划和建设自己的城市信息高速公路。对于某些大型企业集团来说，建设覆盖范围较大的企业 Internet 网络，也是城域网的一种应用。

③广域网（Wide Area Network，WAN）　覆盖范围很大，几个城市，一个或几个国家都属于广域网的范畴，从几十千米到几千千米，几万千米。例如，中国的 Internet，CHINANET 使用超高速路由器（如 Cisco7000 系统），组成了覆盖中国各省市并连通国际 Internet 的计算机广域网。一些政府机关，大型企业通过租用专线或自建通信线路，建立自己的 Internet 的计算机广域网。

（2）按照通信媒体分类

①有线网　电缆、光纤、双绞线等物理连接方式。

②无线网　微波、红外、蓝牙等方式连接。

③混合网　无线＋有线混合连接方式。

（3）按照使用范围分类

①公用网　如英特网。

②专用网　如部门网。

8.1.4　TCP/IP 协议

TCP/IP（Transmission Control Protocol/Internet Protocol）是公认网络协议的工业标准，IP 协议定义了寻址和路由，而 TCP 协议定义了如何保证链路通信过程中数据不会错乱或丢失。

TCP/IP 具备如下特点：

①开放性　与硬件、操作系统无关且免费。

②唯一 IP　统一分配地址，唯一标识每台主机或设备的地址。

③可靠性　高层标准化，具备差错重传功能。

TCP/IP 协议由美国国防部提出，相对于 OSI 模型来说，是基于一个比较宽松的分层方法。许多其他的重要网络协议，如超文本传输协议（HTTP）和简单邮件传输协议（SMTP），都是建立在 TCP 协议之上。HTTP 是超文本传输协议的缩写，它用于传送 WWW 方式的数据。用户数据报协议（UDP）是 TCP 协议的同类，只是牺牲了 TCP 协议的可靠性来换取更快的通信保障。

IP 地址是以点号划分的十进制数字串（如 202.204.112.69），对应 32 位（共 4 个八位组)二进制，其中左边网络编号部分用来标识主机所在的网络；右边部分用来标识主机本身。连接到同一网络的主机必须拥有相同的网络编号。

IP 地址由 InterNIC(因特网信息中心)统一分配，以保证 IP 地址的唯一性，但有一类 IP 地址是不用申请可直接用于企业内部网的，这就是私网地址(Private Address)，私网地址不会被 INTERNET 上的任何路由器转发，欲接入 INTERNET 必须要通过网络地址转换(NAT-Network Address Translation)，以公有 IP 的形式接入。私网地址有三类。

①A 类　10.0.0.0—10.255.255.255
②B 类　172.16.0.0—172.31.255.255
③C 类　192.168.0.0—192.168.255.255

8.1.5　IPv6

上面介绍的为第二代互联网 IPv4 技术，核心技术属于美国。它的最大问题是网络地址资源有限，从理论上讲，编址 1600×10^4 个网络、40×10^8 台主机。但采用 A、B、C 三类编址方式后，余下可用的网络地址和主机地址的数目大打折扣，以至 IP 地址已于 2011 年 2 月 3 日分配完毕。其中北美占有 3/4，约 30×10^8 个，而人口最多的亚洲只有不到 4×10^8 个，中国截止 2010 年 6 月 IPv4 地址数量达到 2.5×10^8，落后于 4.2×10^8 网民的需求。地址不足，严重地制约了中国及其他国家互联网的应用和发展。目前，IPV6 技术正在试行，因为 IPv6 具有更大的地址空间。IPv4 中规定 IP 地址长度为 32，最大地址个数为 2^{32}；而 IPv6 中 IP 地址的长度为 128，即最大地址个数为 2^{128}。与 32 位地址空间相比，其地址空间增加了 $2^{128} \sim 2^{32}$ 个。

IPv6 地址为 128 位长，但通常写作 8 组，每组为 4 个十六进制数的形式。例如：FE80：0000：0000：0000：AAAA：0000：00C2：0002 是一个合法的 IPv6 地址。

8.1.6　域名系统

域名系统(Domain Name System，DNS)是 Internet 上解决网上机器命名的一种系统。它作为可以将域名和 IP 地址相互映射的一个分布式数据库，能够使人更方便地访问互联网，而不用去记住能够被机器直接读取的 IP 数串。顶级域名如 com(企业)、net(网络运行服务机构)、gov(政府机构)、org(非赢利性组织)、edu(教育)域由 InterNic 管理，其注册、运行工作目前由 Network Solution 公司负责。

域名到 IP 地址的转换过程，称为域名解析。IP 地址是网路上标识您站点的数字地址，为了简单好记，采用域名来代替 IP 地址标识站点地址。比如，访问北京林业大学的网站只需要记住域名 www.bjfu.edu.cn，而不用记住对应的 IP 地址(219.143.13.6)。域名的解析工作由 DNS 服务器完成。

8.1.7　网络操作系统

网络操作系统(Network Operation System，NOS)是指能使网络上多台计算机方便而有效地共享网络资源，为用户提供所需的各种服务的操作系统软件。NOS 通常有 2 个基本的组成部分，即运行在服务器上的操作系统和运行在每个 PC 或桌面工作站上的客户端操作系统软件。客户端操作系统的主要功能是提供客户访问网络及网络资源的能力，而这些网络资源通常由网络服务器提供。

为实现有效的资源共享，NOS 首先要提供网络通信功能或协议的支持，另外还要提供资源共享的途径及解决多个用户对资源需求冲突的能力。所以网络操作系统除了具备单机操作系统所需的功能(如内存管理、CPU 管理、输入输出管理、文件管理等)以外，还应具备如下一些网络控制、管理和服务功能。

服务器操作系统的主要功能是控制服务器的操作，管理存储在服务器上的文件，提供对用户的集中管理，支持多用户和多任务的工作环境以解决多个用户对资源需求时的冲突。

目前，可供选择的网络操作系统多种多样，常见的有 Windows、Linux、UNIX、NetWare 等。

8.1.8　移动互联网

移动互联网是移动通信技术与互联网技术融合的产物，是一种新型的数字通信模式。广义的移动互联网是指用户使用蜂窝移动电话、PDA 或者其他手持设备，通过各种无线网络，包括移动无线网络和固定无线接入网等接入到互联网中，进行话音、数据和视频等通信业务。

移动互联产生了特殊的应用模式，包括移动社交、移动广告、手机游戏、手机电视、移动阅读、移动定位、手机搜索、手机分享、移动支付等。

8.1.9　WIFI

WIFI(或 Wi-Fi，Wireless Fidelity)就是无线保真，是一种可以将个人电脑、手持设备(如 PDA、手机)等终端以无线方式互相连接的技术。它是一个高频无线电信号，是一个无线网络通信技术的品牌，由 Wi-Fi 联盟所持有。几乎所有智能手机、平板电脑和笔记本电脑都支持无线保真上网，是当今使用最广的一种无线网络传输技术。实际上，WIFI 就是把有线网络信号(比如家里的 ADSL，小区宽带等)转换成无线信号，使用无线路由器供支持其技术的相关电脑，手机，平板等接收。但是 WIFI 不能等同于无线网络。

WIFI 的主要优势：

①无线电波的覆盖范围广　基于蓝牙技术的电波覆盖范围非常小，半径大约只有 50 英尺①左右，约合 15m，而 Wi-Fi 的半径则可达 300 英尺左右，约合 100m。

②虽然由 WiFi 技术传输的无线通信质量不是很好，数据安全性能比蓝牙差一些，传输质量也有待改进，但传输速度非常快，可以达到 54mbps，符合个人和社会信息化的需求。

③厂商进入该领域的门槛比较低　厂商只要在机场、车站、咖啡店、图书馆等人员较密集的地方设置"热点"，并通过高速线路将因特网接入上述场所。这样，由于"热点"所发射出的电波可以达到距接入点半径数十米至 100m 的地方，用户只要将支持无线

---

① 1 英尺 = 0.304 8m。

LAN 的笔记本电脑或 PDA 拿到该区域内，即可高速接入因特网。

④无须布线　WiFi 最主要的优势在于不需要布线，可以不受布线条件的限制，因此，非常适合移动办公用户的需要，具有广阔市场前景。目前它已经从传统的医疗保健、库存控制和管理服务等特殊行业向更多行业拓展开去，甚至开始进入家庭以及教育机构等领域。

WIFI 网卡按照其速度与技术的新旧可分为 802.11a、802.11b、802.11g、802.11n，大部分 WIFI 网卡都支持 802.11b/g/n 3 种模式，几乎不用考虑兼容问题。

8.2　物联网

8.2.1　基本概念

物联网(the Internet Of Things，IOT)，顾名思义，就是"物物相连的互联网"，是新一代信息技术的重要组成部分。IOT 通过射频识别(RFID)、红外感应器、全球定位系统、激光扫描器等信息传感设备，按照约定的协议，把任何物品与互联网相连接，进行信息交换和通信，以实现智能化识别、定位、跟踪、监控和管理的一种网络。因此，物联网的核心和基础仍然是互联网，是在互联网基础上的延伸和扩展的网络。但是其用户端延伸和扩展到了任何物品与物品之间，进行信息交换和通信。

1991 年，美国麻省理工学院(MIT)的 Kevin Ashton 教授首次提出了物联网的概念。物联网通过智能感知、识别技术与普适计算、泛在网络的融合应用，被称为继计算机、互联网之后世界信息产业发展的第三次浪潮。2009 年 8 月，温家宝"感知中国"的讲话把我国物联网领域的研究和应用开发推向了高潮，无锡市率先建立了"感知中国"研究中心，中国科学院、运营商、多所大学在无锡建立了物联网研究院。自温总理提出"感知中国"以来，物联网被正式列为国家五大新兴战略性产业之一，写入"政府工作报告"，物联网在中国受到了全社会极大的关注，其受关注程度是在美国、欧盟以及其他各国不可比拟的。

8.2.2　基本架构

(1)物联网架构

物联网架构可分为 3 层：感知层、网络层和应用层。

①感知层由各种传感器构成，包括温湿度传感器、二维码标签、RFID 标签和读写器、摄像头、红外线、GPS 等感知终端。感知层是物联网识别物体、采集信息的来源。

②网络层由各种网络，包括互联网、广电网、网络管理系统和云计算平台等组成，是整个物联网的中枢，负责传递和处理感知层获取的信息。

③应用层是物联网和用户的接口，它与行业需求结合，实现物联网的智能应用。

(2)根据应用范围和目的不同分类

①私有物联网　一般面向单一机构内部提供服务。

②公有物联网　基于互联网向公众或大型用户群体提供服务。

③社区物联网　向一个关联的"社区"或机构群体(如一个城市政府下属的各委办局：

如公安局、交通局、环保局、城管局等)提供服务。

④混合物联网　它是上述的两种或以上的物联网的组合,但后台有统一运维实体。

⑤医学物联网　它是将物联网技术应用于医疗、健康管理、老年健康照护等领域。

⑥建筑物联网　它是将物联网技术应用于路灯照明管控、景观照明管控、楼宇照明管控、广场照明管控等领域。

8.2.3　应用领域

目前,中国的物联网在一些行业领域得到初步应用,包括电力、智能交通、医疗卫生、家庭安防、重点区域防入侵、工业控制、农业、环境监测等诸多领域。

2008 年,物联网率先在上海浦东国际机场防入侵系统中得到应用。系统铺设了30 000 多个传感节点,覆盖了地面、栅栏和低空探测,可以防止人员的翻越、偷渡、恐怖袭击等攻击性入侵。同时,基于低、高速传感网的太湖水质监测系统已投入使用;基于传感网的智能交通系统在流量监测、红绿灯控制、停车信息服务等方面已投入应用,部分产品还打入北美市场。

2009 年,济南园博园中应用了 ZigBee 路灯控制系统,实现了照明节能环保。园区所有的功能性照明都采用了 ZigBee 无线技术达成的无线路灯控制。

随着智能手机的网络功能的普及以及物联网技术的高速发展,手机成为物联网时代的基础计算平台之一,手机与物联网的融合将助推网络营销的高速发展,因此,手机物联网商业模式应运而生。在美国,欧盟等发达国家和地区,物流管理、交通监控、农业生产等领域已经开展了基于手机物联网的应用。其中,RedLaser 就是一款颇具影响的手机应用,人们用它通过手机摄像头扫描商店中货品的条码,并进行实时比价。苹果与沃尔玛这两大行业巨头也运用摄像头与内置的 RFID 读卡器,这种读卡器可以将手机与物联网中的物体标签完美整合在一起。

无线物联网门禁系统采用典型的物联网应用技术,可以满足美观、安防及管理上的需求,为楼宇能源、照明、图像监控等系统提供联动接口,提升大楼智能化水平。无线物联网门禁系统的安全与可靠首要体现在以下两个方面:无线数据通讯的安全性和传输数据的安稳性。

物联网也可以助力食品溯源,形成肉类源头追溯系统。从 2003 年开始,中国开始将射频识别技术运用于现代化的动物养殖加工企业,开发出了 RFID 实时生产监控管理系统。该系统能够实时监控生产的全过程,自动、实时、准确地采集主要生产工序与卫生检验、检疫等关键环节的有关数据,较好地满足质量监管要求。此外,政府监管部门可以通过该系统有效的监控产品质量安全,及时追踪、追溯问题产品的源头及流向,规范肉食品企业的生产操作过程,从而有效的提高肉食品的质量安全。

8.2.4　林业应用模式

(1)自然灾害监测

包括森林火灾、病虫害在内的森林灾害对森林生态安全始终是严重的威胁。林业物联网应用于灾害预警,针对森林防火有望实现森林火灾的实时在线预警、火灾发生情况实时播报，火势发生实时预测等，针对森林病虫害将实现病虫害的智能检测与识别、病虫害发生预警、发生范围在线预测等，对减灾防灾和保障林业生态安全具有安全意义。

徐哲（2015）基于ZigBee协议，构建了人工林有害生物物理防控系统（图8-2）。该系统可以按照设定的时间间隔对林区的各环境参数进行自动采集、简单计算和发送，节点数据经由无线传感器网络上传至服务站的计算机或服务器，并由计算机上的人机监测软件作进一步的数据分析、存储和发布。

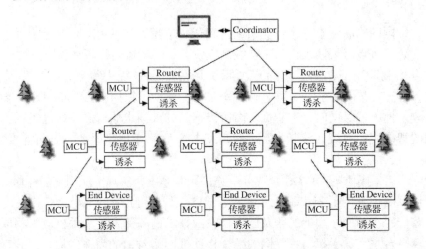

图8-2　基于ZigBee的人工林有害生物物理防控系统

系统涉及无线组网技术、ZigBee通信技术、多种传感器的使用以及数据分析管理等多方面技术。风力传感器使用三杯式风力传感器采集风力大小；温、湿度传感器采用瑞士的SHT1X系列获取空气温度和湿度数据并对采集结果进行合理校正；烟雾传感器采用MQ-2烟雾传感器监控臭氧的释放情况和扩散情况。类似的系统也可以应用于森林火灾监测。

北京林业大学张军国团队面向林业病虫害监测需求，自主研发了"瞳翼"智能四轴飞行器和八旋翼无人机平台。"瞳翼"智能四轴飞行器是一款能够通过电脑和手机重力感应两种方式控制的可实时进行视频传输的航拍飞行器。作为一款新型智能飞行器，能够实时传输高清航拍视频，具备续航时间长、飞行距离远的优点，且支持多个设备同时查看图像。"瞳翼"曾经获得中国大学生iCAN物联网创新创业大赛特等奖。目前，八旋翼无人机已经在林区试飞成功，野外操控性能和图像质量较为满意。

（2）生态监测

以物联网技术为依托，将遥感监测、GPS、航空监测尤其是无人机监测、传感器网络监测、定位监测、人工巡护监测等手段集成起来，形成天地人一体化林业生态监测体系。

传感器网络在生态环境监测方面的应用非常典型。美国加州大学伯克利分校计算机系Intel实验室和大西洋学院（The College of the Atlantic，COA）联合开展了一个名为"in-situ"的利用传感器网络监控海岛生态环境的项目。该研究组在大鸭岛（Great Duck Island）上部署了由43个传感器节点组成的传感器网络，节点上安装有多种传感器以监测海岛上不同类型的数据。如使用光敏传感器、数字温湿度传感器和 压力传感器监测海燕地下巢穴的微观环境；使用低能耗的被动红外传感器监测巢穴的使用情况，系统的结构框图如图 8-3 所示。

图 8-3　生态环境无线传感器网络环境监测系统结构

国外学者通过在动物栖息地布设传感器网络，封装了声音收集设备，用以评估野生动物生物多样性。

8.2.5　关键技术

8.2.5.1　主要关键技术

物联网的产业链可细分为标识、感知、信息传送和数据处理这 4 个环节，其中的关键技术主要包括射频识别技术、传感技术、网络与通信技术和数据的挖掘与融合技术等。

（1）射频识别技术 RFID

RFID 是一种无接触的自动识别技术，利用射频信号及其空间耦合传输特性，实现对静态或移动待识别物体的自动识别。RFID 具有全天候、识别穿透能力强、无接触磨损，可同时实现对多个物品的自动识别等特点。

（2）传感技术

基于传感技术的信息采集是物联网的基础，主要通过传感器、传感节点和电子标签等方式完成。在传感器网络中，传感节点同时具有端节点和路由的功能，既实现数据的采集和处理，又能实现数据的融合和路由，将自身采集的数据和收到的其他节点发送的数据，转发到其他网关节点。传感节点的好坏会直接影响到整个传感器网络的正常运转和功能健全。

（3）网络和通信技术

网络和通信技术包括近程通讯和远程运输两类。近程通讯技术涉及 RFID、蓝牙等；远程运输技术涉及互联网的组网、网关等技术。

（4）数据的挖掘与融合技术

物联网获得的信息种类多、数量大、结构复杂，如何从海量的数据中及时挖掘出隐藏信息和有效数据的问题是物联网的关键，也是难题。云计算为物联网提供了一种新的高效率计算模式。

8.2.5.2　待突破的关键技术

由于物联网还在不断发展，当前有待突破的关键技术包括：

(1) 信息感知技术

①超高频和微波 RFID　积极利用 RFID 行业组织，开展芯片、天线、读写器、中间件和系统集成等技术协同攻关，实现超高频和微波 RFID 技术的整体提升。

②微型和智能传感器　面向物联网产业发展的需求，开展传感器敏感元件、微纳制造和智能系统集成等技术联合研发，实现传感器的新型化、小型化和智能化。

③位置感知　基于物联网重点应用领域，开展基带芯片、射频芯片、天线、导航电子地图软件等技术合作开发，实现导航模块的多模兼容、高性能、小型化和低成本。

(2) 信息传输技术

①无线传感器网络　开展传感器节点及操作系统、近距离无线通信协议、传感器网络组网等技术研究，开发出低功耗、高性能、适用范围广的无线传感器网络系统和产品。

②异构网络融合　加强无线传感器网络、移动通信网、互联网、专网等各种网络间相互融合技术的研发，实现异构网络的稳定、快捷、低成本融合。

(3) 信息处理技术

①海量数据存储　围绕重点应用行业，开展海量数据新型存储介质、网络存储、虚拟存储等技术的研发，实现海量数据存储的安全、稳定和可靠。

②数据挖掘　瞄准物联网产业发展重点领域，集中开展各种数据挖掘理论、模型和方法的研究，实现国产数据挖掘技术在物联网重点应用领域的全面推广。

③图像视频智能分析　结合经济和社会发展实际应用，有针对性地开展图像视频智能分析理论与方法的研究，实现图像视频智能分析软件在物联网市场的广泛应用。

(4) 信息安全技术

构建"可管、可控、可信"的物联网安全体系架构，研究物联网安全等级保护和安全测评等关键技术，提升物联网信息安全保障水平。

8.3　大数据

8.3.1　基本概念

大数据(Big Data)，指的是所涉及的数据量规模巨大，以至于目前主流数据库很难在合理时间内获取、管理、处理、并整理成有价值的信息。在《大数据时代》一书中，大数据是指不用随机分析法(抽样调查)这样的捷径，而采用所有数据的方法。

"大数据"作为时下最火热的 IT 行业的词汇，随之而来的数据仓库、数据安全、数据分析、数据挖掘等围绕大数据的商业价值的利用逐渐成为行业人士争相追捧的利润焦点。

早在 1980 年，著名未来学家阿尔文·托夫勒便在《第三次浪潮》一书中，将大数据热情地赞颂为"第三次浪潮的华彩乐章"。2008 年，Google 成立 20 周年之际，*Nature* 期刊组织专刊讨论未来 Big Data 的一系列问题和挑战。2009 年开始，"大数据"才成为互联网信息技术行业的流行词汇。美国互联网数据中心指出，互联网上的数据每年将增长50%，每两年便将翻一番，而目前世界上 90% 以上的数据是最近几年才产生的。此外，数据又并非单纯指人们在互联网上发布的信息，全世界的工业设备、汽车、电表上有着无数的数码传感器，随时测量和传递着有关位置、运动、震动、温度、湿度乃至空气中化学物质的变化，也产生了海量的数据信息。

大数据技术的战略意义不在于掌握庞大的数据信息，而在于对这些含有意义的数据进行专业化处理。换言之，如果把大数据比作一种产业，那么这种产业实现盈利的关键，在于提高对数据的"加工能力"，通过"加工"实现数据的"增值"。

2012 年，美国政府宣布投资 2 亿美元启动"大数据"研究和发展计划，是 1993 年宣布"信息高速公路"计划后的又一次重大科技发展部署。美国政府认为大数据是"未来的新石油"，将大数据研究上升到国家意志上。

随着云时代的来临，大数据也吸引了越来越多的关注。《著云台》的分析师团队认为，大数据通常用来形容一个公司创造的大量非结构化和半结构化数据，这些数据在下载到关系型数据库用于分析时会花费过多时间和金钱。大数据分析常和云计算联系到一起，因为实时的大型数据集分析需要像 MapReduce 一样的框架来向数十、数百或甚至数千的电脑分配工作。

8.3.2　大数据特点

要理解大数据这一概念，首先要从"大"入手，"大"是指数据规模，大数据一般指在 10TB（1TB = 1024GB）规模以上的数据量。大数据同过去的海量数据有所区别，其基本特征可以用 4 个 V 来总结［Volume、Variety、Value（Veracity）和 Velocity］，即体量大、多样性、价值密度低、速度快。

（1）数据体量巨大

从 TB 级别，跃升到 PB 级别。PB 之上分别是 EB 和 ZB。据估计，2015 年全球数据可达 8.0ZB，2020 年则会达到 35ZB。如果用 DVD 存储，堆积起来的长度可以是地球到火星的一般距离。

（2）数据类型繁多

网络日志、视频、图片、地理位置信息和各类专业设备传感数据等。物联网、云计算、移动互联网、车联网、手机、平板电脑、PC 以及遍布地球各个角落的各种各样的传感器，无一不是数据来源或者承载的方式。

（3）价值密度低，准确性差

以视频为例，连续不间断监控过程中，可能有用的数据仅仅有一两秒。如何通过强大的机器算法更迅速地完成数据的价值"提纯"，去伪存真，成为目前大数据背景下亟待解决的难题。

（4）处理速度快

1 秒定律，即要在秒级时间范围内给出分析结果，超出这个时间，数据就失去价值。最后这一点也是和传统的数据挖掘技术有着本质的不同。

根据结构特征，大数据可以分为结构化数据和非结构化数据或者半结构化数据。从获取和处理方式上，可以分为动态数据和静态数据，动态数据通常是实时的线上数据。根据关联特征，可以分为物关联、简单关联和复杂关联数据。

8.3.3　大数据的关键技术

由于大数据的规模导致传统的存储、处理算法和关联性分析失效，大数据研究存在较大的挑战，需要寻求一些新的技术途径突破。主要从以下方面入手：

①新算法　寻求新的算法来降低计算复杂度。

②降低尺度　化大为小来降低尺度，或者寻找数据尺度无关的近似算法。

③并行化　分而治之，并行化处理。

从研究角度来看，大数据是分层次的，从基础到应用，大致可以分为平台层、系统层、算法层和应用层。

在最基础的平台层，需要考虑并行架构和资源平台，涉及云计算平台、GPU、集群等技术。应用层则主要针对行业用户和领域专家，面向具体的行业需求开展系统研发。

在系统层和算法层，软件开发者是主力，主要考虑大数据的查询、存储、并行编程等。这一个层次中，涉及的技术包括 SQL 和 NoSQL 数据库、Hadoop、MapReduce、并行计算(CUDA、OpenMP)、云计算、机器学习、人工智能(AI, Artificial Intelligence)、数据可视化等。

(1)Hadoop

Hadoop 是当前最为流行的大数据处理平台之一，是一个开源的、可运行于大规模集群上的分布式并行编程框架，由分布式文件系统(如 HDFS)、数据库(如 HBase，属于 NoSQL 类型的数据库)、数据处理模块(如分布式编程模型 MapReduce)等组成。借助于 Hadoop，程序员可以轻松地编写分布式并行程序，将其运行于大规模集群上，从而完成大数据的计算。

(2)云计算

云计算(Cloud Computing)，是一种基于互联网的计算方式，通过这种方式，共享的软硬件资源和信息可以按需求提供给计算机和其他设备，主要是基于互联网的相关服务的增加、使用和交付模式，通常涉及通过互联网来提供动态易扩展且经常是虚拟化的资源。主要包括 3 个层次的服务：基础设施级服务(IaaS)、平台级服务(PaaS)、软件级服务(SaaS)。

云计算是分布式计算(Distributed Computing)、并行计算(Parallel Computing)、效用计算(Utility Computing)、网络存储(Network Storage Technologies)、虚拟化(Virtualization)、负载均衡(Load Balance)等传统计算机和网络技术发展融合的产物。

云计算并不是新概念。早在 20 世纪 60 年代，麦卡锡就提出了把计算能力作为一种像水和电一样的公用事业提供给用户的理念，这成为云计算思想的起源。在早期的高性能计算领域，计算人员就以云的方式在提交作业。从服务器农场到网格再到云计算，实际上是云计算这种技术背后的模式正在逐渐为学界和产业界所认知，逐步走向商业化，并得到人们的重视。

8.3.4　大数据应用与案例分析

(1)Google Knowledge Graph

2012 年，Google 发布了一项名为"知识图谱(Knowledge Graph)"的新一代"智能"搜索功能。这种搜索模式，在 Google 传统搜索列表右侧，添加了与搜索关键词相关的人物、地点和事物相关的事实，即"知识图谱"。相比传统搜索结果页，这种搜索并不与用户提供的关键词直接匹配，而是提供与词汇所描述的"实体"或概念匹配的页面。

2013 年，中文版 Google 搜索知识图谱也在 www.google.com.hk 上线，只要搜索一些著名的中文人物、事物、事件，都可在搜索结果右侧看到所谓的"知识图谱"，不必进入百度百科或维基百科即可了解到图片和文字信息摘要。

例如，搜索"TajMahal"，传统的搜索会试着通过关键词匹配 Google 抓取下来的巨大网页库，找出最合适的结果，并进行排序。在知识图谱中，"Taj Mahal"会被看成一个实体，并在搜索结果的右侧显示它的一些基本资料，像是地理位置、Wiki 的摘要、高度、建筑师等，再加上一些和它类似的实体，如"Great Wall of China"等。实际上，"Taj Mahal"不一定是指泰姬陵，也可能是一个歌手或者度假村名。Google Knowledge Graph 会帮助用户快速而准确的呈现信息，而不是丢给你一堆搜索结果网页列表。

Google Knowledge Graph 是未来的搜索引擎的方向，涉及了深度搜索技术、语义分析理解、信息关联网络分析、多样化排名与推荐和基于图片内容的检索等。

（2）国产知识图谱

2012 年，搜狗"知立方"（搜狐公司）作为国内首个引入"中文知识图谱"的搜索引擎诞生。它的上线拉开了国内"下一代搜索引擎"探索的序幕。"知立方"通过整合海量的互联网碎片化信息，对搜索结果进行重新优化计算，把最核心的信息展现给用户。随着 Google 和搜狗在国际和国内的大力推进，"知识图谱"在搜索引擎行业得到迅速发展，亦得到更多主流搜索引擎跟进，例如，在搜狗"知立方"推出 10 个月后，百度也推出了知识图谱产品——知心搜索，从而促使搜索引擎行业实现新一轮技术变革。

（3）IBM 智能机器人 Watson

2011 年 2 月 17 日，由 IBM 和美国德克萨斯大学联合研制的超级电脑"沃森"（Watson）在美国最受欢迎的智力竞猜电视节目《危险边缘》（Jeopardy）中击败该节目历史上两位最成功的选手肯-詹宁斯和布拉德-鲁特，成为《危险边缘》节目新的王者。Watson 的研发历时 4 年，由于在节目中打败人脑赢得 100 万美元奖金而一举成名。这次比赛是对 Watson 的分析能力的成功测试，系统目前已开始在医疗和金融领域批量使用。

"沃森"是按 IBM 的创始人托马斯·沃森的名字命名的。沃森由 90 台 IBM 服务器、360 个计算机芯片驱动组成，采用 MapReduce 搭建的并行计算机系统。它拥有 15TB 内存、2880 个处理器、每秒可进行至少 8×10^{13} 次运算。这些服务器采用 Linux 操作系统。IBM 为沃森配置的处理器是 Power 7 系列处理器，这是当前 RISC（精简指令集计算机）架构中最强的处理器。它采用 45nm 工艺打造，拥有 8 个核心、32 个线程，主频最高可达 4.1GHz，其二级缓存更是达到了 32MB。存储了大量图书、新闻和电影剧本资料、辞海、文选和《世界图书百科全书》（World Book Encyclopedia）等数百万份资料。每当读完问题的提示后，"沃森"就在不到 3s 的时间里对自己的数据库"挖地三尺"，在长达 2×10^8 页的漫漫资料里展开搜索，推理出它认为最正确的答案及其信心指数。Watson 超级计算机将成为今后企业发展的关键工具，助力于分析非结构化数据，从而做出更优的商业决策。

（4）生物大数据

随着"人类基因组计划"的完成，带动了生物行业的一次革命，高通量测序技术得到快速发展，使得生命科学研究获得了强大的数据产出能力，包括基因组学、转录组学、蛋白质组学、代谢组学等生物学数据，这些数据也具有大数据的特点。除此以外，临床药物研发管理以及健康管理也是生物大数据的一部分。

DNAnexus 是一家致力于打造云端 DNA 数据库的创业公司，并把这些数据提供给研究人员和科学家。该公司认为未来 DNA 信息会激增，未来每个人都会有自己的 DNA 序列信息，成为个人医疗记录的一部分。原因在于 DNA 测序的成本下降很快，类似摩尔定律，每隔 18 个月，建立 DNA 序列的成本就会便宜 10 倍。但如何管理海量 DNA 数据呢？答案是云。数据存在云端，科研人员可以通过软件即服务来访问这些数据，并进行分析。

在加拿大多伦多的一家医院，针对早产婴儿，每秒钟有超过 3000 次的数据读取。通过这些数据分析，医院能够提前知道哪些早产儿出现问题，并能有针对性地采取措施，避免早产婴儿夭折。

（5）能源大数据

智能电网在欧洲已经做到了终端，也就是所谓的智能电表。在德国，为了鼓励利用太阳能，会在家庭安装太阳能，除了卖电给你，当你的太阳能有多余电的时候还可以买回来。通过电网收集每隔 5min 或 10min 收集一次数据，收集来的这些数据可以用来预测客户的用电习惯等，从而推断出在未来 2~3 个月时间里，整个电网大概需要多少电。有了这个预测后，就可以向发电或者供电企业购买一定数量的电。因为电有点像期货一样，如果提前买就会比较便宜，买现货就比较贵。通过这个预测后，可以降低采购成本。

维斯塔斯风力系统（Vestas Wind System）是全球最大的风能利用公司，依靠的是 Big Insights 软件和 IBM 超级计算机，然后对气象数据进行分析，找出安装风力涡轮机和整个风电场最佳的地点。利用大数据，以往需要数周的分析工作，现在仅需要不足 1h 便可完成。

（6）谷歌流感趋势

谷歌有一个名为"谷歌流感趋势"的工具，它通过跟踪搜索词相关数据来判断全美地区的流感情况（比如患者会搜索流感两个字）。只要用户输入预先设定的关键词（比如温度计、流感症状、肌肉疼痛、胸闷等），系统就会展开跟踪分析，创建地区流感图表和流感地图。谷歌多次把测试结果（蓝线）与美国疾病控制和预防中心的报告（黄线）做比对，存在良好的相关性。谷歌可以提供谷歌流感趋势的原因就在于它几乎覆盖了 70% 以上的北美搜索市场，而在这些数据中，已经完全没有必要去抽样调查这些数据。

8.4 网络 GIS

网络 GIS 是网络和 GIS 相结合的产物，是实现 GIS 交互操作的一条最佳解决途径。从 Internet 的任意节点，用户都可以浏览 GIS 站点中的空间数据、制作专题图、进行各种空间信息检索和空间分析。

网络 GIS 不但具有大部分乃至全部传统 GIS 软件具有的功能，而且还具有利用 Internet 优势的特有功能。这些特有功能包括用户不必在自己的本地计算机上安装 GIS 软件就可以在 Internet 上访问远程的 GIS 数据和应用程序，进行 GIS 分析，在 Internet 上提供交互的地图和数据。

网络 GIS 的关键特征面向对象、分布式和交互操作。也就是说：任何 GIS 数据和功能都是一个对象。这些对象部署在 Internet 的不同服务器上，当需要时进行装配和集成。Internet 上的任何其他系统都能和这些对象进行交换和交互操作。下面介绍几个最为常见的网络 GIS 平台。

8.4.1　谷歌地球

谷歌地球（Google Earth，GE）是一款 Google 公司开发的虚拟地球仪软件，它集成了地理信息系统、遥感和全球定位系统等高新技术的功能，免费向用户展示了全球范围内的卫星影像和航拍影像以及道路、水系、地名等基础地理信息数据。它采用强劲的三维引擎和高速的数据压缩传输技术，进行了金字塔式建库，将超大数据量的卫星影像通过网络进行发布，数据在全球范围内周期性更新。GE 几乎可以应用于传统 GIS 领域如交通、军事、农业、国土、矿产、文物古迹保护、林业、海洋和城市规划等。

GE 提供二次开发接口。针对 GE 的开发有 2 种方式，一种是基于 GE 的 Com API，一种是基于 KML。基于 Com API 的开发方式主要用来控制 GE 的视角、实现动画效果，而基于 KML 的开发方式主要用来生成地理要素，实现数据的动态更新等。在实际应用中，需要结合这两种开发方式，这样才能得到比较理想的效果。

KML 是一种基于 XML 语法格式的语言，可用于保存点、线、面、文字描述、3D 模型、图像等地理信息，具有易编辑、可网络发布与共享、层次性与继承性等优点，可以被 GE 解译并在其平台上显示出相应的地理要素模型。KML 文件成为一个国际性标准，能与 ESRI、MapInfo、Intergraph、Surper Map 等平台的 GIS 数据进行交换和信息共享。

8.4.2　百度地图

百度地图（http：//maps. baidu. com/）是百度公司提供的一项网络地图搜索和导航服务，覆盖了国内近 400 个城市、数千个区县。在百度地图里，用户可以查询街道、商场、楼盘的地理位置，也可以找到离您最近的所有餐馆、学校、银行、公园，并按照指定位置进行路径分析和导航等。

百度地图也向开发者免费提供了一套基于百度地图服务的应用接口（API），包括 JavaScript API、Web 服务 API、Android SDK、iOS SDK、定位 SDK、车联网 API、LBS 云等多种开发工具与服务，提供基本地图展现、搜索、定位、逆/地理编码、路线规划、LBS 云存储与检索等功能，适用于 PC 端、移动端、服务器等多种设备，多种操作系统下的地图应用开发。

8.4.3　ArcGIS Server

ArcGIS Server 美国 ESRI 公司开发的一个用于构建集中管理、支持多用户的企业级网络 GIS 应用的平台。ArcGIS Server 提供了丰富的 GIS 功能，例如地图、定位器和用在中央服务器应用中的软件对象。早期版本为 ArcIMS，后续版本更名为 ArcGIS for Server。

开发者使用 ArcGIS Server 可以构建 Web 应用、Web 服务以及其他运行在标准的 . NET 和 J2EE Web 服务器上的企业应用，如 EJB。ArcGIS Server 也可以通过桌面应用以 C/S(Client/Server) 的模式访问。ArcGIS Server 的管理由 ArcGIS Desktop 负责，后者可以通过局域网或 Internet 来访问 ArcGIS Server。

ArcGIS Server 包含 2 个主要部件：GIS 服务器和 . NET 与 Java 的 Web 应用开发框架 （ADF）。GIS 服务器是 ArcObjects 对象的宿主，供 Web 应用和企业应用使用，它包含核心的 ArcObjects 库，并为 ArcObjects 能在一个集中的、共享的服务器中运行提供一个灵活的环境。ADF 允许用户使用运行在 GIS 服务器上的 ArcObjects 来构建和部署 . NET 或 Java 的桌面和 Web 应用。

ADF 包含一个软件开发包，其中有软件对象、Web 控件、Web 应用模板、帮助以及例子源码。同时，它也包含一个用于部署 Web 应用的 Web 应用运行时(runtime)；这样，不需要在 Web 服务器上安装 ArcObjects，就可以运行这些 Web 应用。

8.5 智慧林业

8.5.1 基本内涵

智慧林业是智慧地球的重要组成部分，是未来林业创新发展的必由之路，是统领未来林业工作、拓展林业技术应用、提升林业管理水平、增强林业发展质量、促进林业可持续发展的重要支撑和保障。智慧林业与智慧地球、美丽中国紧密相连；智慧林业的核心是利用现代信息技术，建立一种智慧化发展的长效机制，实现林业高效高质发展；智慧林业的关键是通过制订统一的技术标准及管理服务规范，形成互动化、一体化、主动化的运行模式；智慧林业的目的是促进林业资源管理、生态系统构建、绿色产业发展等协同化推进，实现生态、经济、社会综合效益最大化。

智慧林业的本质是以人为本的林业发展新模式，不断提高生态林业和民生林业发展水平，实现林业的智能、安全、生态、和谐。智慧林业主要是通过立体感知体系、管理协同体系、生态价值体系、服务便捷体系等来体现智慧林业的智慧。

8.5.2 总体架构

智慧林业是基于云计算、物联网、移动互联网、大数据等现代信息技术，涵盖智慧林业立体感知、智慧林业协同管理、智慧林业生态价值、智慧林业民生服务、智慧林业综合管理等五大体系的新型林业发展模式。智慧林业总体架构主要包括"四横两纵"，四横即设施层、数据层、支撑层、应用层；两纵即标准规范体系、安全与综合管理体系（图 8-4），其相互联系、相互支撑，形成一个闭环的运营体系。

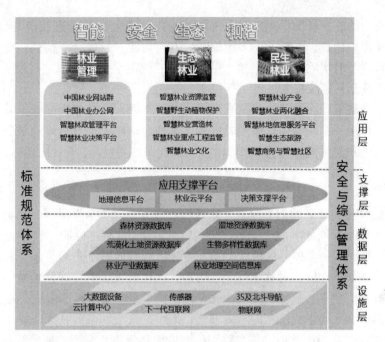

图 8-4　智慧林业总体架构(引自国家林业局《中国智慧林业发展指导意见》)

8.5.3　关键技术

(1) 云计算技术

在智慧林业建设中，云计算在海量数据处理与存储、智慧林业运营模式与服务模式等方面具有重要作用，支撑智慧林业的高效运转，提高林业管理服务能力，不断创新 IT 服务模式。

(2) 物联网技术

物联网用途极其广泛，遍及交通、安保、家居、消防、监测、医疗、栽培、食品等多个领域。尤其在森林防火、古树名木管理、珍稀野生动物保护、木材追踪管理等方面广泛应用。作为下一个经济增长点，物联网必将成为"智慧林业"建设中的重要力量。

(3) 大数据技术

随着信息技术在林业行业的应用及林业管理服务的不断加强，大数据技术在林业领域的应用也是不可或缺的，包括林业系统信息共享、业务协同与林业云的高效运营，以及林业资源监测管理、应急指挥、远程诊断等管理服务。

(4) 虚拟现实技术

虚拟现实(Virtual Reality，VR)是以计算机技术为核心，结合相关科学技术，生成于一定范围真实环境在视、听、触感等方面高度近似的数字化环境，用户借助必要的装备与数字化环境中的对象进行交互作用、相互影响，可以产生亲临对应真实环境的感受和体验。

(5) 移动互联网技术

随着无线技术和视频压缩技术的成熟，基于无线技术的网络视频监控系统，为林业工作提供了有力的技术保障。基于3G、4G技术的网络监控系统需具备多级管理体系，整个系统基于网络构建，能够通过多级级联的方式构建一张可全网监控、全网管理的视频监控网，提供及时优质的维护服务，保障系统正常运转。

（6）"3S"及北斗导航技术

北斗卫星导航系统在林业方面具有广阔的应用空间，为林业资源监测及安全管理等提供重要支撑作用。北斗系统可以同时提供定位和通信功能，具有终端设备小型化、集成度高、低功耗和操作简单等特点。

8.5.4　应用案例

"智慧林业"提供了新的发展模式，推进信息技术与林业深度融合，助力林业生产和组织管理，对林业生产的各种要素实行数字化设计、智能化控制、科学化管理；对森林、湿地、沙地、生物多样性的现状、动态变化进行有效监管；对生态工程的实施效果进行全面、准确分析评价；对林业产业结构进行优化升级、引导绿色消费、促进绿色增长；对林农群众提供全面及时的政策法规、科学技术、市场动态等信息服务。

北京市园林绿化局集成二维码、传感器、无线自组织网络等技术，在丰台园博园开展了"中国信息林"建设，此后又将二维码标签应用到公园及苗圃的树木管理工作中。中国信息林的建立，标志着中国第一片"智慧森林"正式建立。一期工程主要包括4个方面。

（1）基础网络设施建设

园区通过光纤连接区内监测终端，设置无线网络，将采集的数据及时传输到园区内监测终端，再通过网络设施，连通国家林业局监控中心。同时将建立中国信息林网站向公众展示信息林树木生长情况和周围环境指数。

（2）微型气象站建设

信息林的微型气象站可以采集空气温湿度、风速和风向，下一步可以监测大气中PM2.5指数和负氧离子浓度等。每天气象站将收集到的信息实时通过网络发送到监测中心，进而发送到中国信息林网站等互联网媒体。

（3）传感监控设施建设

信息林土壤中布设的无线传感器用于检测土壤温湿度及pH值，安装的摄像头可以及时了解树木的病虫害情况。

（4）电子身份证建设

信息林中每棵树都有一个印有二维码的身份证，公众可以通过扫描二维码获取树木的基本信息，查看树木的养护情况，甚至可以和树木"互动"，给树木留言。

河南三门峡二仙坡绿色果业有限公司应用物联网、自动控制等技术，打造了现代化的智慧果园，取得了良好的经济和社会效益。四川温江"智慧花木"信息化品牌；安徽舒城金桥农林科技有限公司的智慧育苗系统都取得了较好的应用效果。

思考题

1. 复习计算机网络基础知识。
2. 物联网的概念及其在林业上的应用。
3. 什么是大数据？林业如何应用大数据？
4. 智慧林业都包含哪些现代信息技术？

参考文献

陈吉荣，乐嘉锦．2013．基于 Hadoop 生态系统的大数据解决方案综述[J]．计算机工程与科学，10：25-35．

郭建伟，李瑛，杜丽萍，等．2013．基于 hadoop 平台的分布式数据挖掘系统研究[J]．中国科技信息，13：81-83．

迈尔-舍恩伯格，库克耶．2013．大数据时代[M]．浙江：浙江人民出版社．

王成瑞，段富海．2012．物联网关键技术在食品溯源中的研究与应用[J]．物联网技术，08：74-76，78．

王刚．2011．ZigBee 路灯控制系统点亮济南园博园[J]．物联网技术，01：43．

王刚．2011．上海浦东国际机场防入侵系统[J]．物联网技术，01：40-41．

徐哲．2015．基于 Zig Bee 的人工林有害生物物理防控系统设计[D]．北京林业大学．

Atzori L, Iera A, Morabito G. 2010. The Internet of Things: A survey[J]. Computer Networks 54(15): 2787 - 2805. doi: 10. 1016/j. comnet. 2010. 05. 010.

Eleonora Borgia, The Internet of Things vision: Key features, applications and open issues, Computer Communications, Volume 54, 1 December 2014, Pages 1-31, ISSN 0140-3664, http: //dx. doi. org/10. 1016/j. comcom. 2014. 09. 008.

Gershenfeld N, Krikorian R, Cohen D. 2004. The Internet of things[J]. Scientific American 291(4): 76 - 81.

Welbourne E, Battle L, Cole G, *et al.*. 2009. Building the Internet of Things Using RFID The RFID Ecosystem Experience[J]. Ieee Internet Computing, 13 (3): 48 - 55.